HOW IT WORKS

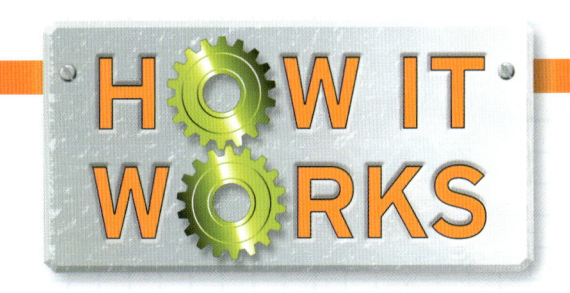

最先端ビジュアル百科
「モノ」の仕組み図鑑 ③

デジタル機器

ゆまに書房

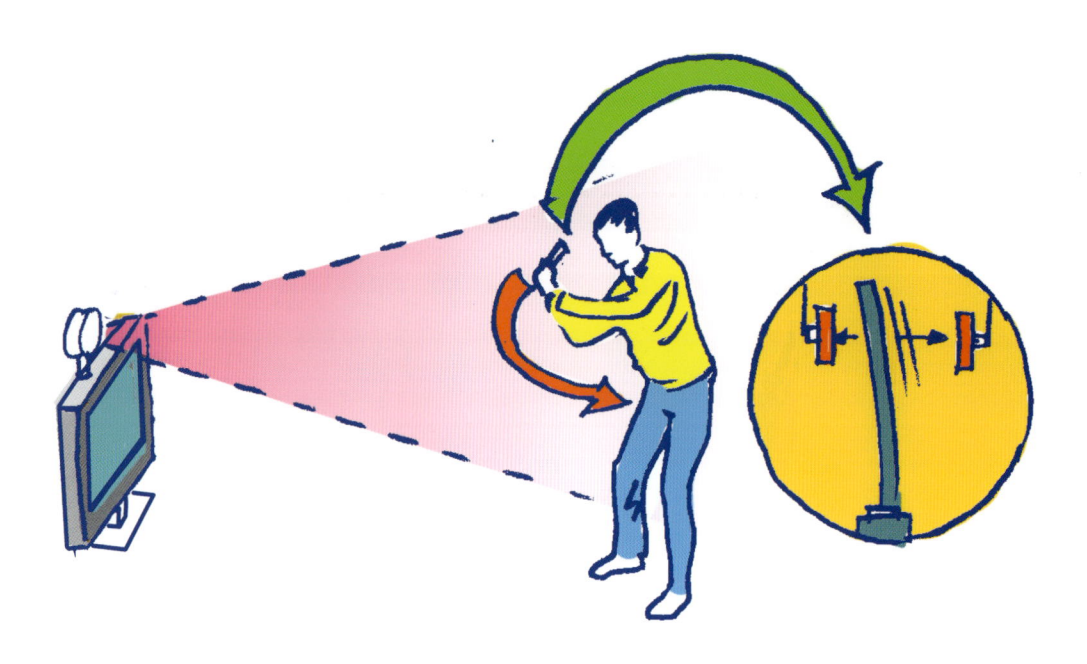

ACKNOWLEDGEMENTS

All panel artworks by Rocket Design
The publishers would like to thank the following sources for the use of their photographs:
Alamy: 6 sciencephotos
Corbis: 4(t/r) Carl & Ann Purcell; 5(r) Fred Prouser/Reuters; 12 TScI/NASA/Roger Ressmeyer; 14 Reuters; 20 Ed Kashi; 30 Roger Ressmeyer
Fotolia: 4(c) Avava; 5(t) Henrik Andersen; 23 Monkey Business; 25 Peter Baxter; 33 Andy Dean
Rex Features: 26 Action Press; 28 c.W.Disney/Everett
Science Photo Library: 9 Chris Martin-Bahr; 18 James King-Holmes; 35 David Hay Jones
All other photographs are from Miles Kelly Archives

HOW IT WORKS : Gadgets
Copyright©Miles Kelly Publishing Ltd
Japanese translation rights arranged with Miles Kelly Publishing Ltd
through Japan UNI Agency, Inc., Tokyo

もくじ

はじめに ……………………………4

電卓(でんたく) ……………………………6

フラットパネルディスプレー ……8

パーソナルコンピューター ………10

デジタルカメラ ……………………12

ビデオカメラ ………………………14

スキャナー …………………………16

プリンター …………………………18

ワイヤレスマイク …………………20

スピーカー …………………………22

デジタルオーディオプレーヤー …24

テレビゲーム機 ……………………26

ホームシアター ……………………28

バーチャルリアリティー …………30

携帯電話(けいたい) …………………………32

ナビゲーションシステム …………34

用語解説(かいせつ) …………………………36

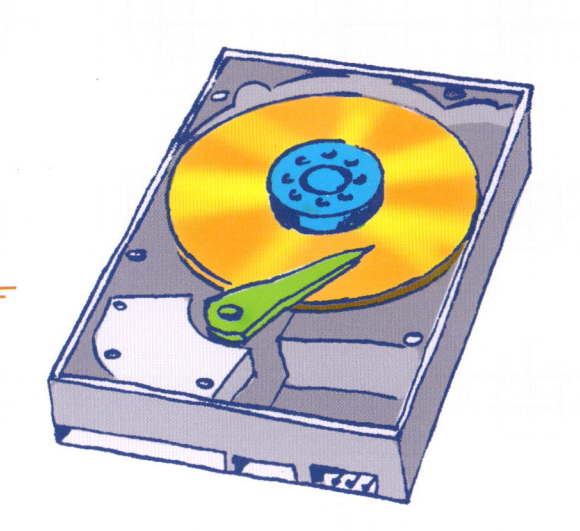

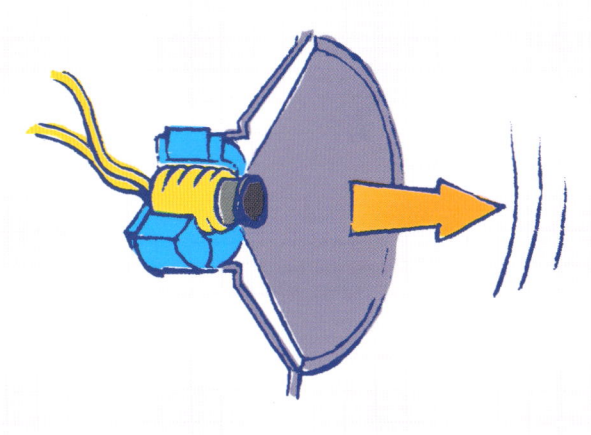

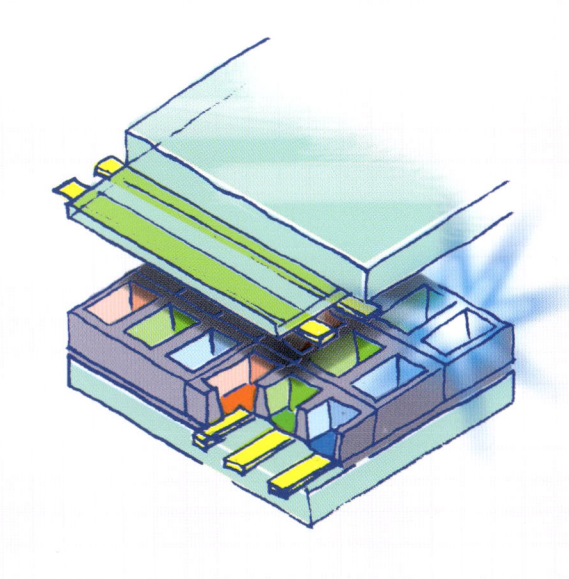

はじめに

人々は、便利な道具が昔から大好きだった。大昔、「てこ」や車輪のような重要な道具や機械を発明するかたわら、生活をもっとかんたんに、そしてもっと楽しくするための道具や小さな機械も発明したんだ。その多くは、あらわれてはすぐ消えていくような目先の変わったもので、ただ遊びや楽しむために使われるだけだった。でもなかには、そろばん・目ざまし時計・電子レンジなどのように、もっと大事な使いみちのある道具として、わたしたちの生活の一部になったものもあるんだ。

そろばんの名人は、電卓をよく使いなれている人とほとんど同じくらいか、それ以上に速く計算できる。

より高い技術へ

便利な道具の歴史は、科学技術の発達とともにある。計算機は、数千年前に小石をならべることから始まり、そして木の玉を竹の芯に通したそろばんになった。続いて、手まわしハンドルのついた機械式の計算機となり、その後、電気で動く計算機があらわれたんだ。1960年代からは、新しい電子技術とマイクロチップが使われるようになって、計算機がポケットサイズに小さくなっただけでなく、今までにない機器の開発にむけたまったく新しい分野も始まった。それがわたしたちの時代の最高の機器、「コンピューター」につながったんだ。

大量生産されるプリント基板のおかげで、たくさんの人が手作業で回路をつくる手間がいらなくなった。

デジタルオーディオプレーヤーは、どこへ行くにももって行けるほど小さい。

小さいことは大きいこと

新しいデジタル機器の製品開発には終わりがないようにみえる。広告は、「サイズが小さくなった」「軽くなった」、あるいは「よいバッテリーになった」「操作がよりかんたん」「付属品や機能がふえた」など、次から次へと宣伝する。たとえば、デジタルオーディオプレーヤー用に開発された、ごく小さいタイプのハードディスクのように、すでにある部品は新しい使いみちのために小型化されることがあるし、デジタルオーディオプレーヤーに使われる「フラッシュメモリー」のように、科学技術の別の分野が考え出されることもあるんだ。

スピンドルモーター
プラッター
スイングアーム
磁気ヘッド
電源用ソケット

コンピューターのハードディスクは、ゆうびん切手と同じくらい小さいものもある。

>>> デジタル機器 <<<

ビデオカメラの中にある、きみの指のつめより小さなマイクロチップで、広々とした風景が録画される。

小さければいいってものじゃない

科学技術には、どんどん小型化する方向にはむかわないものもある。カメラやビデオカメラのような、光を利用する光学機器は、あるていどの大きさが必要なんだ。もし小さくしすぎれば、十分な光を現実の世界からとりこむことができず、目の前の光景を記録したり、わたしたちに見せたりすることができないだろう。

光をうまくコントロールすることで、ものはより近くに見えたり、より遠くに見えたりする。

凹レンズを前に動かす

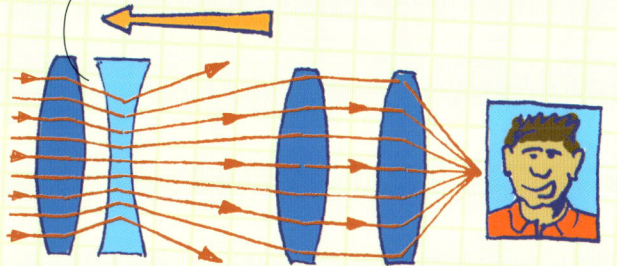

望遠に合わせたカメラのズームレンズ

凹レンズを後ろに動かす

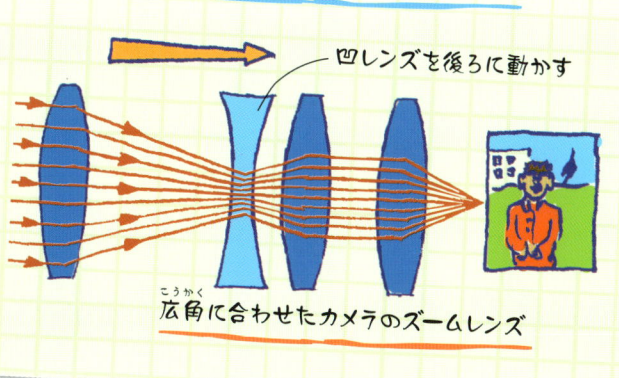

広角に合わせたカメラのズームレンズ

終わりはないの？

わたしたちが考えつく道具が、すべて発明しつくされる時はくるのだろうか？　それはあやしいものだ。今から25年前には、体を動かして遊ぶスポーツ体験型のコンピューターゲーム・脳トレのできるゲーム機・カーナビ・インターネットにつながり何でもできる携帯電話、などができるなんて考えていた人は、ほとんどいなかったんだ。さて、これからの25年間には、いったい何が登場するんだろう？　脳にうめこむマイクロチップや、眼の中にぴったりはいるテレビ画面、考えるだけで相手と交信できる装置なんていうものができるかもしれないね。

たしかなことが1つある――いつでも人は、最も新しい進んだ道具をほしがるもの。だから、「あれ、ほしいなあ」というおきまりの言葉は、いつまでもなくなりはしないってことだ！

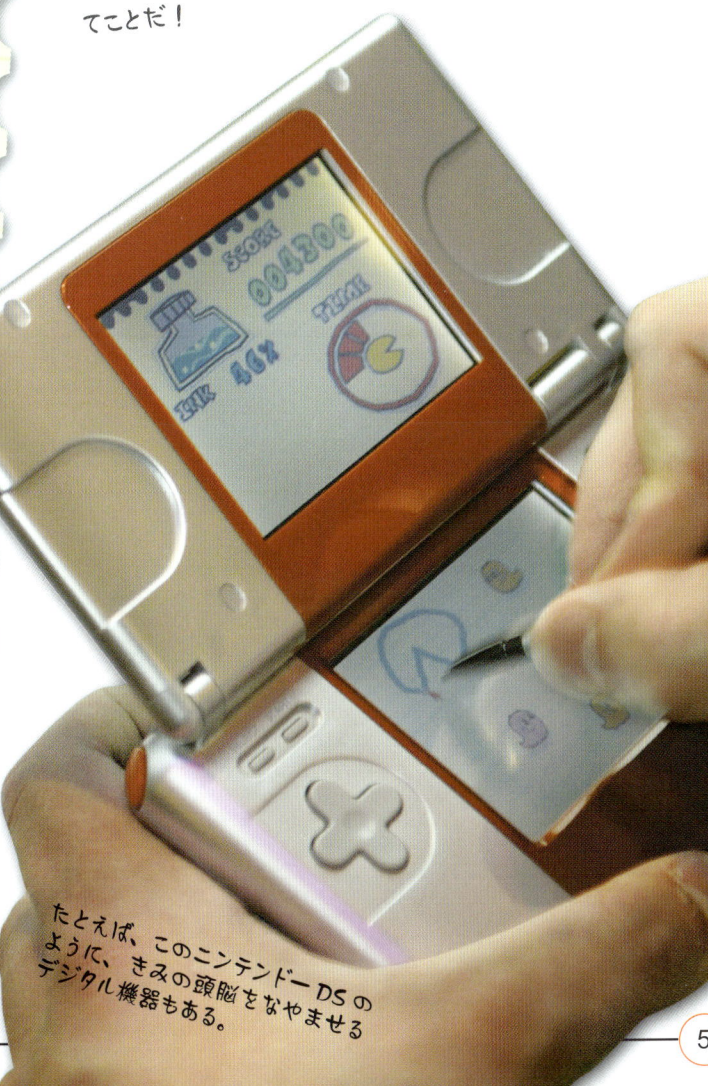

たとえば、このニンテンドーDSのように、きみの頭脳をなやませるデジタル機器もある。

電卓

昔 人々は数学の問題をといたり計算したりするのに、えんぴつと紙を使ったり、たくさんの歯車がついた、テーブルくらい大きな計算機を使ったり、さもなければ頭の中で暗算したりした。1960年代になると、手にもてる大きさの「電卓」が登場した。それは最初にできた小型電子機器の一つだった。会社・学校・工場・家、今ではそこにあるどの部屋に行っても、たいてい電卓をみつけられる。

へえ、そうなんだ！
アバカスという計算道具は、テーブルの上のみぞに小石や玉をならべるもので、2000年以上前の古代ギリシャや古代ローマで使われていた。それより前は、砂の中に石をならべていたんだ。

この先どうなるの？
科学者たちは、おりたためる計算機をつくろうとしている。小さなハンカチのようにうすくてやわらかな布にキーとディスプレーを組みいれたものなんだ。

マイクロチップはIC（集積回路）ともよばれている。トランジスタや抵抗器などがとても小さな部品となって、シリコンでできたウエハースのような1枚のチップの上にあらかじめまとめてとりつけられているからだ。

本体 電卓の外側はふつうかたいプラスチックでできていて、すったりぶつかったりしても、たえられるようになっている。

＊ もち運びに便利な電源

初めのころの計算機には、電池の電力をたくさん使うLED（発光ダイオード）ディスプレーがついていた。必要な電力がそれよりもかなり少ない、液晶ディスプレーが使われるようになると、小型計算機の電力は、太陽電池ともいわれる光電池でまかなえるようになった。光電池は、光のエネルギーを電気に変えるんだ。また、最近の電子機器のほとんどは、充電式バッテリー（二次電池）が本体の中にはいっていて、コンセントにつなぐことができる。

プリント基板 電気を通さない性質をもつ電気絶縁体でできた、プラスチックのような緑色の基板の上に、金属の線が印刷されたように配線され、とりつけられた電子部品をつないでいる。

マイクロプロセッサー どんな電子装置でも、その「頭脳」はマイクロプロセッサーとよばれるチップ、つまりCPU（中央処理装置）だ。これがキーを通していれられる指示にしたがって計算をする。

電池は、ボタンより小さいものからスーツケースより大きいものまで、大きさに幅がある。

最もふくざつなマイクロプロセッサーには、この□と同じくらい小さなチップの上に1000万個以上の部品があるんだ。

>>> デジタル機器 <<<

科学や工業技術はもちろん、スポーツなど、多くの分野で特別な目的のためにつくられた専用の計算機が使われている。これらの中には、ものすごく高いビルを建設するために必要な材料の量を計算できるもの、天気を予測できるもの、スキューバダイビングをするとき、あとどれくらい空気が残っているか教えてくれるものなどがあるんだ。

液晶ディスプレー 液晶ディスプレーの中には、うす暗いときなど、反射した日光を利用しなくても使えるように、バックライトつきのものがある。でも、バックライトは、ディスプレーそのものよりも電気をたくさん使う。

※ 液晶ディスプレーの仕組み

液晶ディスプレーの中の液晶は、両側のガラス基板によって光を"ねじり"ながら通す性質になっている。この性質は電気を流すかどうかで変わるんだ。画面の正面からはいった日光は、最初の偏光フィルムで1方向に振動する光（偏光）だけになるが、電気が流れてないと液晶を通るときねじられるので、90°方向のちがう2つ目の偏光フィルムも通れる。そして後ろの鏡ではね返り同じようにして外にもどるため、画面は明るく見えるんだ。電気が流れると液晶が光をねじらなくなるので偏光はそのまま進み、2つ目の偏光フィルムを通れない。光は外にもどれなくなり、画面は黒く見える。この明るさの変化を利用して、数字や文字を表示するんだ。

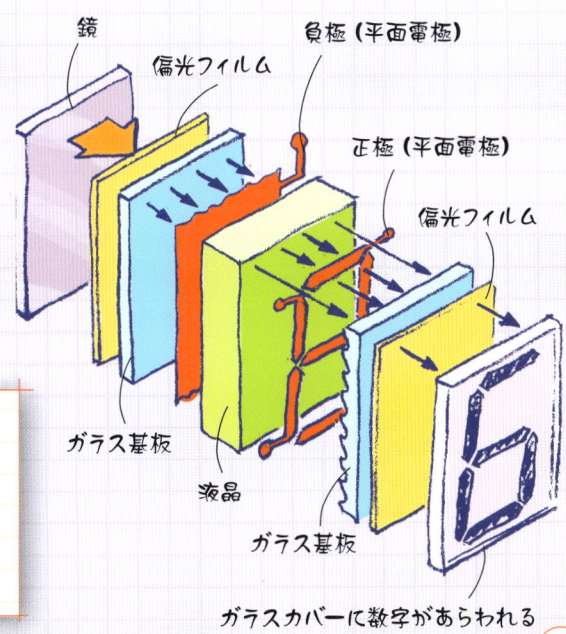

表示窓

ゴムパッド

キー ふだん使う数字のキーには、それぞれ決まった位置がある。たし算・ひき算・わり算・かけ算など、計算用のキーの列もふつう右側と決まっている。

リボンコネクター

背面板

電池ボックス 長い時間使われる、もっと大きい計算機には、長もちする電池か充電式バッテリーが必要となる。光電池が十分な電気をつくり出せないようなうす暗い場合には、特に必要だ。

鏡　偏光フィルム　負極（平面電極）　正極（平面電極）　偏光フィルム　ガラス基板　液晶　ガラス基板　ガラスカバーに数字があらわれる

フラットパネルディスプレー

フラットパネルディスプレーは平らなうす型の画面で、コンピューターのモニターやテレビに使われている。デジタルカメラやビデオカメラ、カーナビや電話など、さまざまな機器の表示画面もそうだ。フラットパネルディスプレーの技術は、おもに2種類――液晶ディスプレー（P7も見てみよう）とプラズマディスプレー（下も見てみよう）だ。1990年代、フラットパネルディスプレーは、ブラウン管（CRT）といわれる、以前の重い箱のようなガラス製の表示装置にとって代わって使われるようになった。ブラウン管は、フラットパネルディスプレーよりはるかにたくさんの電気を使うものなんだ。

へえ、そうなんだ！

機械式でない、最初の完全な電子式テレビシステム（テレビを放送する方法や仕組み）は、1920年代から1930年代にかけて、ハンガリーのエンジニア、カールマン・ティハニィとロシア系アメリカ人の発明家、ウラジミール・ツヴォルキンによって開発された。

すきとおった前面ガラス

✳ プラズマディスプレーの仕組み

プラズマディスプレーには、セルという何百万もの小さな区画があり、導線のような電極が、格子のように、縦・横2方向の列にならんでいる。直角に交差する2本の電極に、高い電圧を瞬間的にかけることによって、その2本にはさまれたセルがかがやく仕組みになっている。高い電圧がかかるとそのセルの中にあるガスが温まり、プラズマという状態になって、色のついた蛍光体をぬった部分をほんの一瞬だけかがやかせるんだ。ディスプレーいっぱいに広がるセルに、次々と毎秒何百万回も電圧がかけられ、全体の画像がつくり出される。

ワイド画面 大部分のフラットパネルディスプレーは、横と縦のわりあいが16：9のワイド画面になっている。これは、画面の高さがその幅の16分の9ということだ。

リモコン受光部 この小型の赤外線センサーは、リモコンから送られる目に見えない赤外線がわかり、信号を受けとる。

- 表示電極
- 前面ガラス
- 電圧がかかっているセルはかがやく
- 背面ガラス
- セルの内側にぬった、三色の蛍光体
- アドレス電極
- 電圧がかかってないセルは暗い

スタンド

現在のところ、最も大きい液晶ディスプレーは"108インチ"という大きさだ。およそ274センチメートルのこの値は、画面を角から角までななめに横切る長さで、画面の大きさをしめす、昔からの表し方なんだ。

1925年、スコットランドの発明家、ジョン・ロジー・ベアードは、部分的に機械式のテレビシステムをつくりあげた。このシステムは、1929～1937年の間、イギリスのBBC放送の試験放送や初期の放送に使われた。

>>> デジタル機器 <<<

この先どうなるの？
「ハイビジョン」のような HD（高精細度）ディスプレーには、ピクセル（画素）とよばれる小さな色のついた点が、ごくふつうのフラットパネルディスプレーの 5～6 倍ある。そのため、よりはっきりときれいで色合いの豊かな画像になり、よりスムーズでちらつきが少なくなっているんだ。

クアッドHDには、色のついたピクセルが、HDの4～5倍多くある。でも、大部分の人がそのちがいをいえるほど視力がよいかどうかはあやしいものだ。

受信装置 テレビの「受信装置」とは、電子回路基板の一部のこと。これは、ちがうチャンネルにあわせたり、アンテナで受けとれる信号を選んだり強めたりするなど、電子処理の下準備をするためにある。コンピューターのモニターはすでに処理された信号を受けとるため、受信装置はない。

通風孔 背面カバーには、熱をにがすための細長いあながある。また、中の部品が熱くなりすぎるのをふせぐため、テレビの温度が高くなると、自動的に画面を消す仕組みもついている。

電子部品 ハイビジョンテレビのような高品質のテレビには、1000 枚以上のマイクロチップとその他の部品が使われている。

大部分の液晶ディスプレーは、TFT（うす膜トランジスター）を使っている。ピクセルの色を表示するためのトランジスターが、すきとおった画面の厚みの中につくられている。

フレームと背面カバー 外側のフレームは、画面が動かないようにしっかりととめ、後ろは、背面カバーが電子機器のまわりをおおっている。フラットディスプレーには、厚さが 2.5 センチメートルよりうすいものもある。

✳ デジタル放送
以前のテレビ放送は、アナログ放送といわれ、電波信号の強さが連続して変わることで、画像と音声の情報がとどけられた。デジタル放送では、それらの情報が、オンとオフの2つの状態の組み合わせのデジタル信号で表され、毎秒数百万回も送られるんだ。1つのアナログチャンネルに使われる電波で、デジタルチャンネルなら最高 10 チャンネルをとどけることができる。

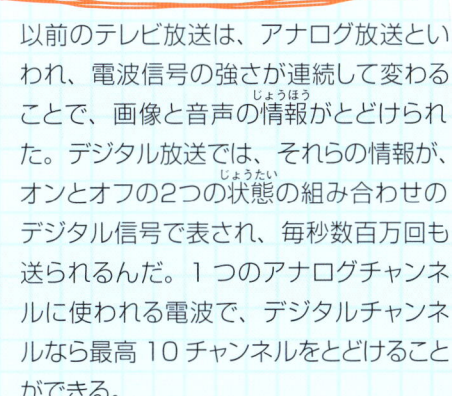

お皿のようなアンテナで、人工衛星からデジタル信号を受けとる。

パーソナルコンピューター

冷蔵庫と同じくらい大きくて、お金もちだけが買える、値段の高い機械だったパーソナルコンピューターは、1970年代から小さくてすっきりとしたユニットへと進歩し、ほとんどどこの家の机のまわりにも見られるようになった。パーソナルコンピューターは、おもに個人で使うためにつくられたコンピューターで、よく「パソコン」とよばれるが、ふつう"スタンドアロン"で使われる。スタンドアロンとは、たとえばサーバーやほかのコンピューターなど、いっしょに使うほかの機器とのネットワークに接続しないで、それ1台で使うことなんだ。

へえ、そうなんだ！

最初に成功したパソコンは、コモドール社が1977年に発売した「PET 2001」。IBMの家庭用コンピューター「IBM PC」は1981年に発表され、たくさんの人に使われてその後のコンピューター業界のめやすとなった。

この先どうなるの？

ムーアの法則によると、「コンピューターの性能（マイクロチップに組みこまれる部品の数と働く速さ）は、2年たつごとに2倍になる」という。この法則は、1965年にゴードン・ムーアが考えたものだが、今でもまだあてはまっている。

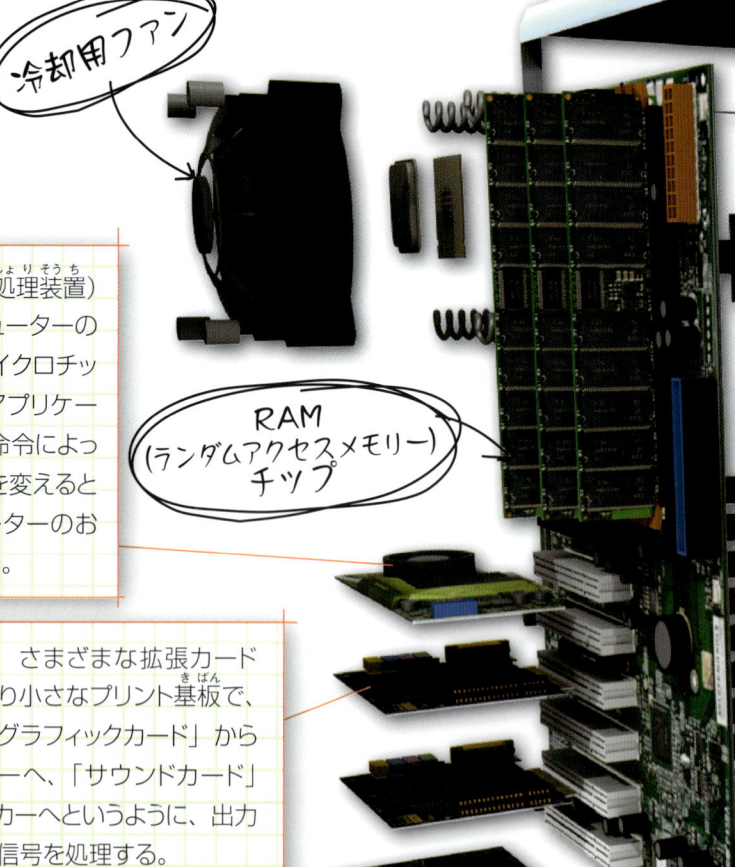

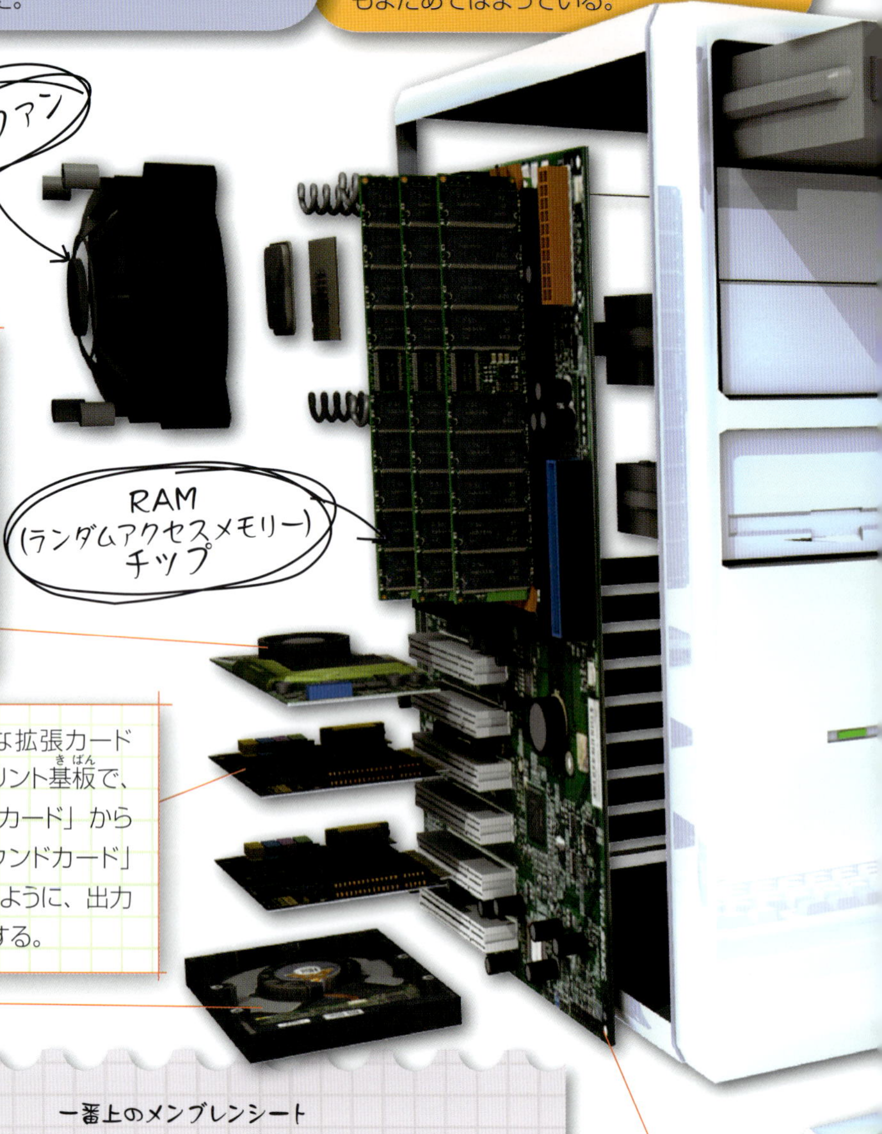

冷却用ファン

RAM（ランダムアクセスメモリー）チップ

最近のコンピューターの多くは、情報をやりとりするために、ブルートゥースシステムのような短距離無線を使うワイヤレス周辺機器（コンピューターに接続される装置）をそなえている。これらはじゃまなコードがなくなり、使い勝手がよくなっているんだ。

CPU CPU（中央処理装置）は、いわば、コンピューターの「頭脳」で、他のマイクロチップとつながって、アプリケーションソフトからの命令によってデータ（情報）を変えるといった、コンピューターのおもな処理をおこなう。

拡張カード さまざまな拡張カードは、ほかより小さなプリント基板で、たとえば「グラフィックカード」からディスプレーへ、「サウンドカード」からスピーカーへというように、出力や入力する信号を処理する。

ハードディスク ハードディスクといわれる円ばん型の記憶装置は、磁気をおびたごく小さな点として、情報を保存する（P24も見てみよう）。

マザーボード 中心となるプリント基板は、「マザーボード」とよばれることが多い。おもなマイクロチップのほとんどがのっていて、もっと小さなプリント基板とつなぐためのコネクターがついている。

✷ キーボードの仕組み

携帯電話からスーパーコンピューターにいたるまで、「キー」とよばれる押しボタンで動く機器はどんな種類のものでも、明かりのスイッチによく似たかんたんな技術を使っているんだ。それぞれのキーの下には、金属の電気伝導体が2つあって、小さなすき間をはさんではなれている。キーを押すとその2つを押してくっつけることになるので、電気が流れるんだ。この電気信号は、キーごとに決まった符号になっている。また、しなやかなメンブレンシートによって、ほこりやときにはこぼした飲みものさえも、機械の中にはいるのをふせいでいる。

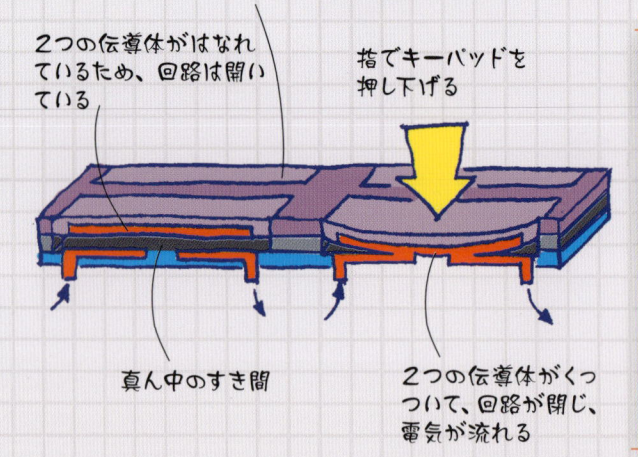

一番上のメンブレンシート

2つの伝導体がはなれているため、回路は開いている

指でキーパッドを押し下げる

真ん中のすき間

2つの伝導体がくっついて、回路が閉じ、電気が流れる

10

>>> デジタル機器 <<<

光学式ドライブのトレイ CD（コンパクトディスク）やDVD（デジタルバーサタイルディスク）をここにいれ、光を使って読み書きする。レーザー光線が、CDやDVDの光る表面にある、小さなくぼみを読みとる仕組みになっている（P29も見てみよう）。

よくあるタイプのパソコンは、20年前のものとくらべて、値段（ね）は4分の1に、性能（せいのう）は10倍にもなった。

液晶（えきしょう）モニター

✳ インターネット

コンピューターを国際的（こくさいてき）なネットワークにつなげる世界的なシステムが、「インターネット」。1969年にアメリカの軍隊の中だけで使われるネットワークとして始まり、1970年代に研究センターや大学に広がって、1980年代には企業（きぎょう）も参加するようになった。そして、1990年代になって一般（いっぱん）の人がアクセスできるようになったんだ。

インターネットのウェブページのつながりが、WWW（ワールドワイドウェブ）だ。

毎年2回、世界で最も速いスーパーコンピューターのランキングが発表される。でもランキングは、毎回のように変わっている。

アタリ社の"アタリ2600"（1977年発売）やシンクレア社の"ZXスペクトラム"（1982年発売）などの初期のゲーム機があらわれるまで、家庭ではコンピューターになじみがなかった。2つのゲーム機はカラー画面で音が出たが、その時代ではびっくりすることだったんだ！

キーボード おもにこの入力装置を使って、英数字（文字、数字、＋や＆のような記号）をデジタル符号にかえ、情報をコンピューターにいれる。

マウス マウスの下から出るレーザー光線、またはころがるボールがマウスの動きをたどることによって、画面上の「カーソル」とよばれるそう入ポイントを、マウスと同じように動かすことができる。ブルートゥースなどで働くワイヤレスマウスは、しっぽのようなコードがない。

11

デジタルカメラ

カメラは、目の前の光景や人やものを目に見える形でいつまでもずっと残るように記録するもの。ほとんどのカメラには、はっきりした画像（がぞう）がとれるように、"光を焦点（しょうてん）に集める"つまり"ピントを合わせる"ためのレンズがあり、ほんの一瞬（いっしゅん）の場面をとらえて、止まった画像として記録する。なかでもデジタルカメラは、光のパターンをデジタル信号、つまり、オンとオフの2つの状態（じょうたい）の電気信号に変えてマイクロチップに保存（ほぞん）するものなんだ。

へえ、そうなんだ！

初期のデジタルカメラには、富士写真フイルムが1988年に発売した「FUJIX DS-1P」や、ダイカムが1990年に発売した「ダイカム・モデル1」などがある。コダックは、会社初のデジタルカメラ「DCS-100」を1991年に発表した。

この先どうなるの？

初期のデジタルカメラは、およそ1メガピクセルの画像がとれた。2000年代になると、ごくふつうのデジタルカメラで6メガピクセルまでふえて、さらに8メガピクセルにまでになったんだ。CCD（電荷結合素子（でんかけつごうそし））チップがよくなっていくにつれて、これからもふえ続けるだろう。

デジタルカメラは、フィルムカメラほど細かいところまで写したり、色のちがいをとらえたりはしないだろう。でも、デジタルカメラなら保存した画像を見ることができるし、必要であれば画像を消すこともできる。そして、フィルム1本よりもずっとたくさんの画像をとることができるんだ。

オートフォーカス 目に見えない赤外線がカメラの前にあるものにあたり、はね返ってもどってくるまでの時間をはかることで、写そうとするものまでの距離（きょり）がわかり、ピントを合わせられる。

しぼり カメラを使うとき、まわりの明るさに合わせてこのあなを広げたりせまくしたりして、はいる光の量を調節する。

シャッターボタン

✳ メガピクセルと解像度（かいぞうど）

1メガピクセルとは100万ピクセルのこと。ピクセルは「画素（がそ）」ともいって、画像全体をつくっているごく小さな点。それぞれのピクセルは、赤・緑・青の3色の光がまざり合ってできている。まざり方をさまざまに変えることで、すべての色を表すことができ、3色を全部いっしょにすると白が表せる。そして、きまった広さの中にピクセルがたくさんあればあるほど、画像はよりはっきりと細かいところまで写るようになる。これが、「解像度が高くなる」ということなんだ。

レンズ レンズシステムは、ガラス製（せい）かプラスチック製のレンズがいくつか組み合わさっていて、それが前に動いたり、後ろに下がったりして焦点を合わせる。焦点は、写そうとするものまでの距離で決まる。

シャッター シャッターボタンを押（お）すと、光の通り道をふさぐカバーがほんの一瞬（いっしゅん）開き、光をCCD（P16も見てみよう）に通す。

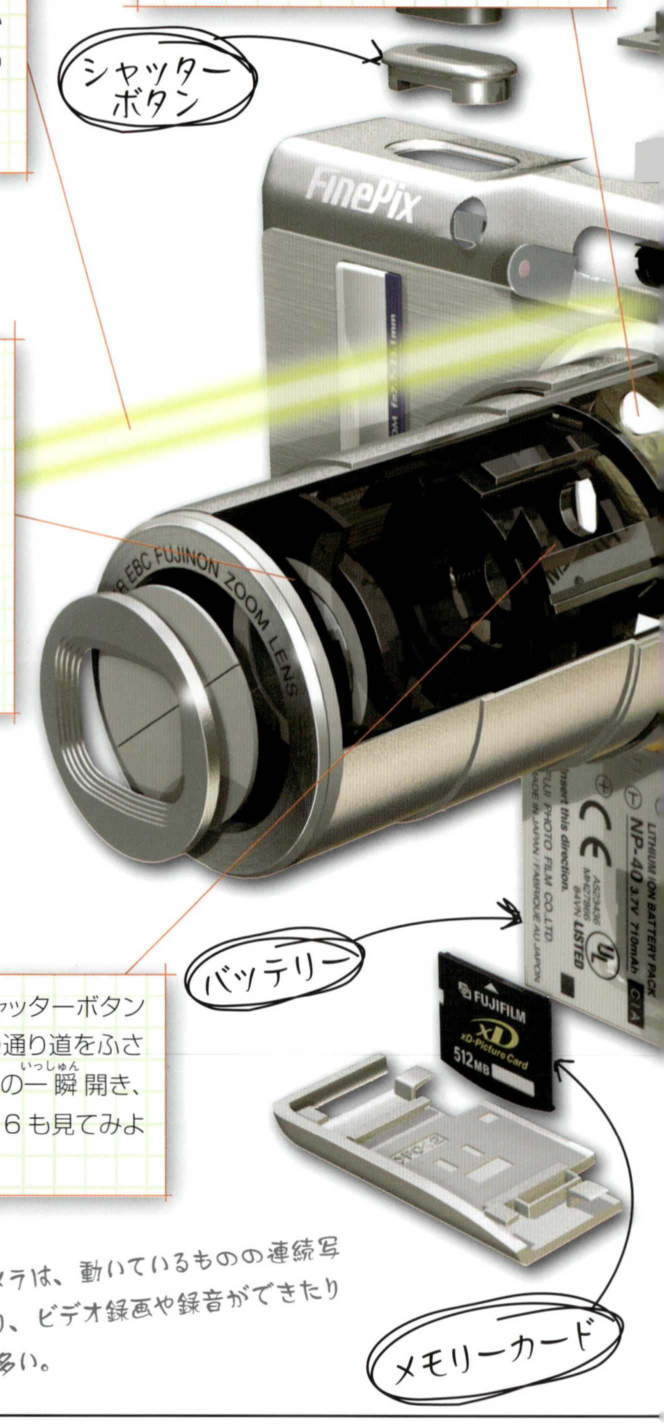

バッテリー

メモリーカード

宇宙（うちゅう）の銀河（ぎんが）を写した画像
左：解像度が低い　右：解像度が高い

デジタルカメラは、動いているものの連続写真がとれたり、ビデオ録画や録音ができたりするものが多い。

12

>>> デジタル機器 <<<

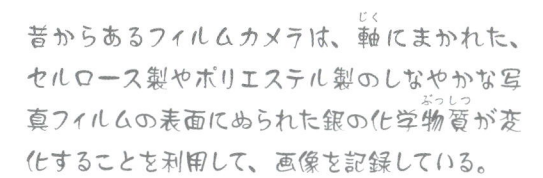

昔からあるフィルムカメラは、軸にまかれた、セルロース製やポリエステル製のしなやかな写真フィルムの表面にぬられた銀の化学物質が変化することを利用して、画像を記録している。

ビューファインダー 小さな液晶モニターに、レンズを通して見える景色が映し出される。これが保存される画像だ。

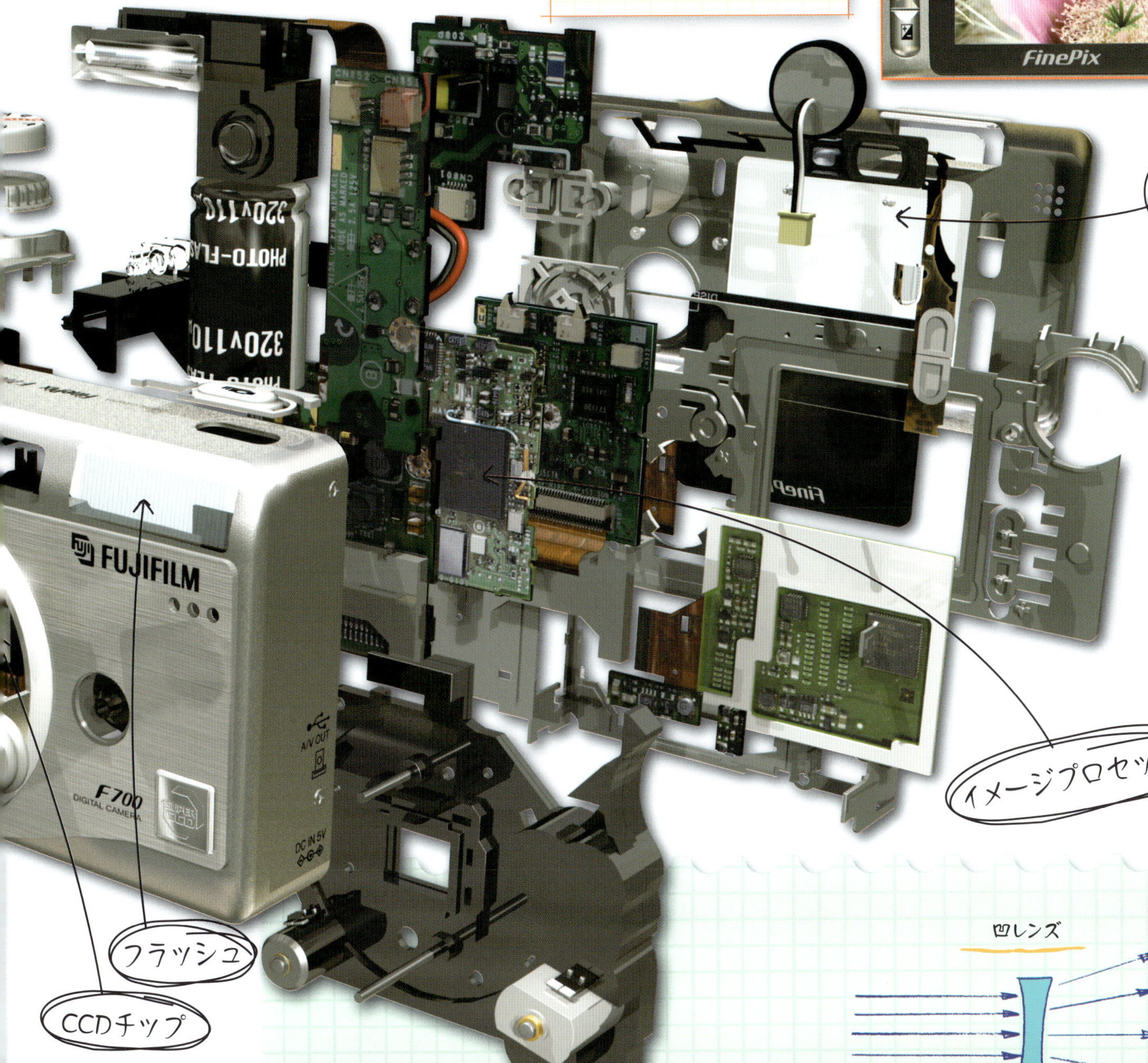

液晶モニター

イメージプロセッサー

フラッシュ

CCDチップ

最も小さいデジタルカメラは、なんと、ワイシャツのボタンほどの大きさ。これには、無線で画像を送るための送信機もはいっていて、1キロメートル以上はなれたレシーバーにとどくんだ。

✶ レンズの仕組み

光は、空気中からガラスにはいるときに曲がる。これを「屈折する」というんだ。凹レンズ（真ん中の部分がうすくなっているもの）は、「拡散」といって、光を外側へ屈折させる。凸レンズ（真ん中の部分がふくらんでいるもの）は、「収束」といって、内側へ屈折させ、光を焦点に集める。焦点というのは、カメラの場合、はっきりした画像が映し出されるところなんだ。

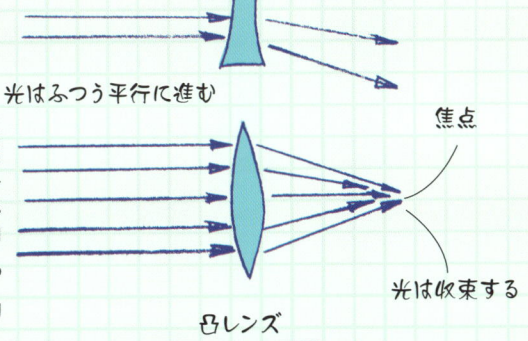

凹レンズ　光は拡散する

光はふつう平行に進む

凸レンズ　焦点　光は収束する

13

ビデオカメラ

止まった画像をほんの一瞬ずつとても速いスピードで連続させることによって、映画のように動かして見せるのが「動画」だ。ビデオカメラは、この動画を撮影し、あとで見られるように録画する専用の記録カメラなんだ。同時に録音もできて、音と画像がちょうどぴったり合うようになっている。ビデオカメラには、磁気テープに記録するタイプのものがあって、これにはアナログ式とデジタル式がある。そのほかは、とても小さいハードディスクやメモリーカードの中の電子マイクロチップに記録する、デジタル式だ。

へえ、そうなんだ！

撮影用カメラの始まりは、写真用フィルムを使った映画用のカメラだった。1880年代につくられ、映画の始まりともいえる動画を撮影した。手にもてるような小さなタイプは、1950年代からよく使われるようになったんだ。

この先どうなるの？

将来、光を読みとる電子チップを目の中にいれ、かんたんなビデオカメラとして使うことができるようになるかもしれない。そうなれば、きみの目で見たものすべてをいつまでもずっと記録しておくことだってできる。

ズームギア ピントを合わせたり、ズームインして小さなはんいを大きく見せたりするために、小さな電気モーターと歯車がレンズを動かす（右ページも見てみよう）。

レンズカバー

本体 本体の外側部分はきずに強く、多少ぶつかってもだいじょうぶなようになっている。

メインプロセッサー この中心的な役わりをになうマイクロチップで、CCDからのデジタル信号を処理して、記憶装置へ保存するのに合った形にする。

✳ 映像伝送システム

「映像伝送システム」とよばれる通信ユニットは、動画や音声を無線通信で送る。携帯電話の通信回線などにつながるのではなく、宇宙で地球のまわりをまわっている人工衛星と直接つながっているものもある。送信機や受信機は、ノート型パソコンくらいの大きさのケースの中にはいっている。そして、頭につけるヘッドセットには、目の前のものを記録するビデオカメラや音をひろうマイクがあり、ディスプレーやヘッドホンで、撮影中の映像を見たり、衛星を通して送られる動画や音声を見たり聞いたりできるんだ。

ヘッドセットのビデオカメラ（左）は、目の前にあるものを録画する。

最も質の高いデジタル形式には、"Mini DV"や"デジタルベータカム"などがある。これらは、アナログ式で録画されたものとくらべて、録画したものをあとでコピーしたり、編集したりするとき、画質の落ち方がかなり少ないんだ。

14

>>> デジタル機器 <<<

凹レンズを前に動かす

望遠に合わせたカメラのズームレンズ

凹レンズを後ろに動かす

広角に合わせたカメラのズームレンズ

マイク 画像を録画している間、小さなマイク（P20も見てみよう）が音をひろう。ビデオカメラの中には、音の出ているところに正確に合わせるため、カメラ本体とコードでつながっているマイクまたはワイヤレスマイクを、カメラからとり外せるものもある。

初めのころのビデオカメラは、テレビ放送のために開発された。現場からのレポートや現場で録画をするために、小さく軽くなったんだ。

ビューファインダー 液晶モニターでは録画した映像が見られる。また、自分が残したい部分だけを選んでいらない部分を消す、などの編集もできる。

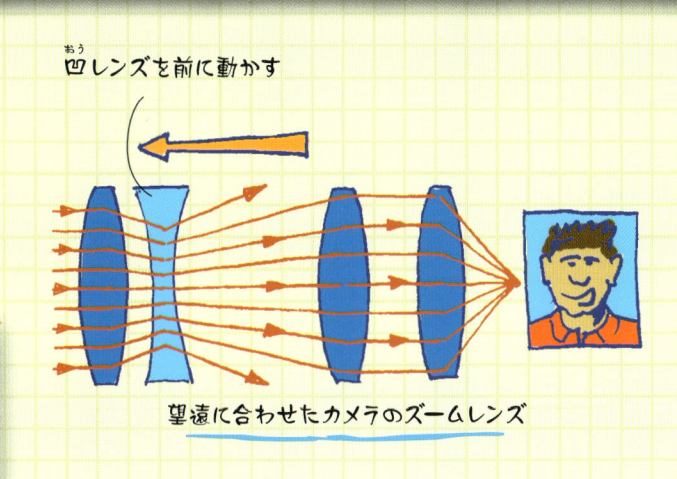

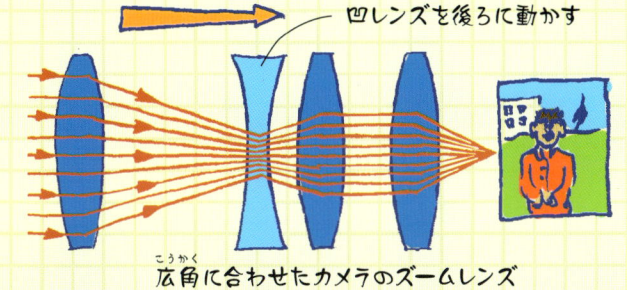

✳︎ ズームの仕組み

望遠（ズームイン）にすると、映っているはんいの一部分は大きくなるけれども、全体の中で映る部分はせまくなる。反対に、広角（ズームアウト）にすると、より広いはんいが映るようになるけれども、倍率が小さくなるので映るものが小さくなるわけだ。ズームシステムは、凹レンズを前後に動かすことで働く。凹レンズは、はじよりも真ん中がうすくなっていて、光を「拡散」する性質があるんだ（P13も見てみよう）。ズームシステムには、電気モーターで動くものもあれば、手でねじったりひっぱったりして動かすものもある。

液晶モニター

バッテリー

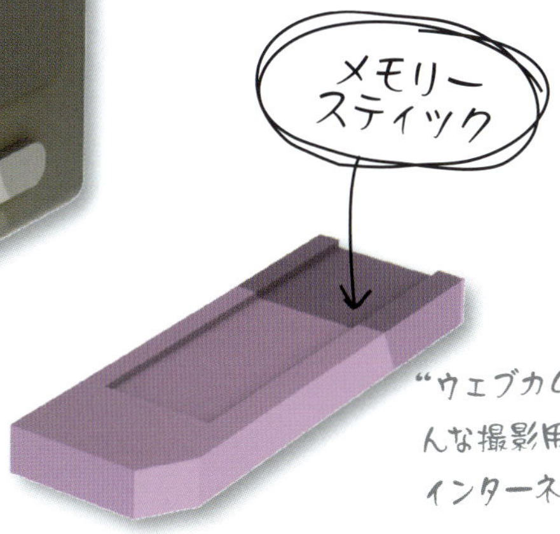

メモリースティック

モニター調整 モニターの明るさ・コントラスト・カラーバランスなどは調整することができ、まぶしい太陽の光の中や暗い部屋の中などでも、画面がよく見えるように合わせられる。

"ウェブカム"というのは、画像を録画しない、小さくてかんたんな撮影用カメラで、画像を直接コンピューターにとりこんだり、インターネットに送信したりできる。

フィルム式の撮影カメラのほとんどは、止まった画像を1秒あたり24コマとる。でも、ビデオカメラは、ふつう1秒あたり30コマとるんだ。録画したものを再生するとき、きみの目では一つひとつのコマがバラバラになっているようには見えない。それらのコマがなめらかにつながって動いているように思わせるため、きみの脳がぼやかしてつなぎあわせているんだ。

15

スキャナー

デジタル技術にかかせないのが、絵や写真・動画・音声・文字・数字などなんでも、オンとオフの電気信号の集まりで表されるデジタル符号にかえること。デジタル符号はデジットとよばれる1と0の数字で書き表すことができ、これがコンピューターの「言語」になる。つまり、コンピューターの情報のやりとりはすべてデジットでるということだ。イメージスキャナーは、写しとる画像の小さな点すべての色と明るさを次から次へと読みとって、その情報をデジタル符号にかえることで、絵や写真などをデジタル化する。

へえ、そうなんだ!

イメージスキャナーが初めて登場したのは、1960年代。病院などで人の体を調べる「CTスキャナー」を開発する研究の一部分として考え出された。1980年代に企業で使われるようになり、1990年代初めには家庭で使えるものが出てきたんだ。

この先どうなるの?

3D（3次元）スキャナーは、フレームにとりつけられた2台のデジタルカメラでなりたっている。このカメラが写しとるものの上やまわりを動いて、コンピューターのメモリーの中に立体画像をつくり出すんだ。

"スキャン"というのは、まっすぐな線1列分の小さな点の集まりを読みとり、ほんの少しだけ動いて次の線1列分を同じように読みとるということを、ふつう何千回とくりかえすことだ。

光源 かぎりなく真っ白に近いとても明るい光が、写しとろうとする絵や写真にむけて光る。光は、絵や写真で反射すると、光のあたったそれぞれの場所の色や明るさの光になってもどってくる。

レール キャリッジとよばれる画像読みとりユニットは、金属の棒のようなガイドレールにそって前後にすべるように動く。駆動ギアとギザギザの歯があるまっすぐなラックまたはベルトがかみ合って、とても正確な動きをする。

キャリッジ

プリント基板

駆動ギア

操作ボタン「キャリッジを元の位置にもどす」、「読みとる部分を指定する」、「直接プリンターで印刷する」など、スキャナーの操作のいくつかは本体のボタンでおこなう。でも、ほとんどの操作はスキャナーと接続しているコンピューターのアプリケーションソフトで指示する。

✳ CCDチップの仕組み

CCDとは「電荷結合素子」のこと。導線のような小さな電極が何百万もあって、それが十文字の格子の形にならんでついているマイクロチップだ。となり合う2つの電極の間に光があたると、ふつうは原子の外側にある「電子」とよばれるごく小さなつぶが、原子を飛び出してその電極の間にたまり、これが光のあたった部分に電流を引き起こす——つまり、光が電気にかわったということだ。

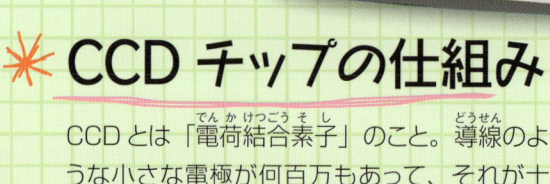

写しとるものからくる光
電気絶縁体
表面にある電極
うめこまれた電極
基板

>>> デジタル機器 <<<

スキャナーがどれくらい細かいところまで画像を読みとれるかをしめす「解像度」は、dpi（ディーピーアイ）という単位ではかる。これは長さ1インチ（2.54センチメートル）の線の中に、色のついた点をいくつ見つけ出すかを表したものだ。

（トレイ）

（自動原稿送り装置の原稿）

画像の中の広い部分が同じ色の場合、コンピューターは、その部分の小さな点一つひとつにその色を表す完全なデジタル符号をあたえるかわりに、短くまとめたデジタル符号をその部分全体に1つだけあたえることによって、メモリーの量を節約することができる。これは、コンピューターのファイルをより小さく（圧縮）する方法の1つなんだ。

密閉された本体 スキャナーの本体は、ほこりがはいらないように、しっかりとふさがれている。反射ミラーやレンズやCCDなどの部品にほこりがたまると、読みとりの質に大きな影響が出るおそれがあるからだ。

Tシャツの色をピンクから水色に――それとも、水色からピンクにかな。

（電源スイッチ）

フラットベッド（原稿台）
フラットベッドスキャナーは、写しとるものをガラス板の上に平らに置く。スキャナーの中には、写しとるものをドラムにまきつけて回転させながら読みとる仕組みのものもある。このようなドラムスキャナーは、ふつうのスキャナーよりかなりくわしく画像を読みとることができる。

反射ミラーとCCD キャリッジの中には、写しとるものから反射してきた光を、さらに反射させる鏡がある。この鏡はその光をCCDにむかって反射させ、CCDはその光の中の色や明るさのパターンを、それに対応する電気的なデジタル信号のパターンにかえる。

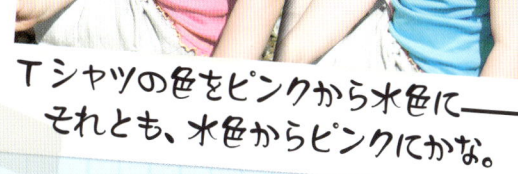

✳ 画像処理

コンピューターは、キーボードから入力された指示にしたがって、文章を変えるなどの編集ができる。画像でも同じようなことができ、これを「画像処理」という。たとえば、コンピューターを使えば、画像の中の赤色の部分すべてを青色に変えるということができるんだ。

17

プリンター

ごくふつうの家庭用のプリンターは、コンピューターの画面に映っている内容を形として残すために、紙やカードに印刷する。これを「ハードコピー」というんだ。プリンターの技術には、イメージスキャナー（P16も見てみよう）とは逆の仕組みになっている部分がある。プリンターは、たくさんの小さなインクの点で1本の長い線をつくり、そのとなりに次の線、また次の線ということをくりかえして、全体の画像をつくり出すんだ。

へえ、そうなんだ！

家庭で使われるコンピューター用のプリンターは、1960年代に開発された。このころのプリンターのプリントヘッドには、小さなピンがマトリクスとよばれる格子の形にならんでいて、このピンが、昔使われていたタイプライターのように、用紙にインクリボンをおしつけて文字を印刷した。このようなプリンターは「ドットマトリクスプリンター」とよばれ、インクリボンの色でしか、印刷することができなかった。

この先どうなるの？

スキンプリンターは、人のはだの上に直接インクをふきつけるプリンターだ。ふつうは洗い落とせるインクを使い、まるでタトゥシールをはったように人のはだにどんな画像でも印刷できるんだ。

インクジェット式のプリントヘッドのタイプは、おもに2つ。固定式のタイプは、ノズルをずっと使うので、ときどきそうじが必要だが、使いすてタイプは、交かんするインクかトナーのカートリッジに新しいノズルがついているんだ。

ローラーとプリントヘッド 電気モーターで動くローラーシステムが、紙を1度に少しずつプリントヘッドに送り出すと同時に、プリントヘッドが横に動きながら、通った紙の幅の分だけ画像を印刷していく。

カバー

プリントされた紙

✳ 3Dの魔法

ふつうのプリンターが、平らな面に縦・横の2次元（2D）の印刷をするのに対して、3Dプリンターには3番目の次元「高さ」があり、1層1層つみ重ねて立体的なかたまりをつくりあげる。チャンバーという箱の中に粉を広げ、レーザーが予定する場所にある粉だけを温めると、ごく細かい粉のつぶがくっついていっしょになる。その上に次の層を加えるとき同じことが起こるので、この新しい層も下の層とくっつくんだ。これをくりかえして層の重なりが完成するとかたまりができあがり、くっつかなかった粉はとりのぞかれる。この方式の3Dプリンターは、ふくざつな形のものを制作する前に、その模型や試作品をつくるのに使われることが多い。

レーザー光線が3Dプリンターのチャンバーに広げられた粉を温める。

排出トレイ 印刷された紙はここにつみ重ねられる。バラバラにかわかすのにつごうがよいように、カバーがなくインクに空気がふれるようになっている。おかげで紙がすべってきたとき、くっついてしみやよごれができる心配がない。

>>> デジタル機器 <<<

写真用の"光沢紙"は、表面がつやつやしている。おかげで、印刷された画像はふつうの紙の場合より明るくこい色合いで、はっきりくっきりとした画質となり、見た目にあざやかだ。

インクカートリッジ 液体のカラーインクまたは粉のトナーは、ふつう小さな密閉容器の中にはいっている。これらは、決められた場所にはめられるとインクを出すあなが開けられ、ノズルのある方へインクを送り出すよう、圧力をかけられる。

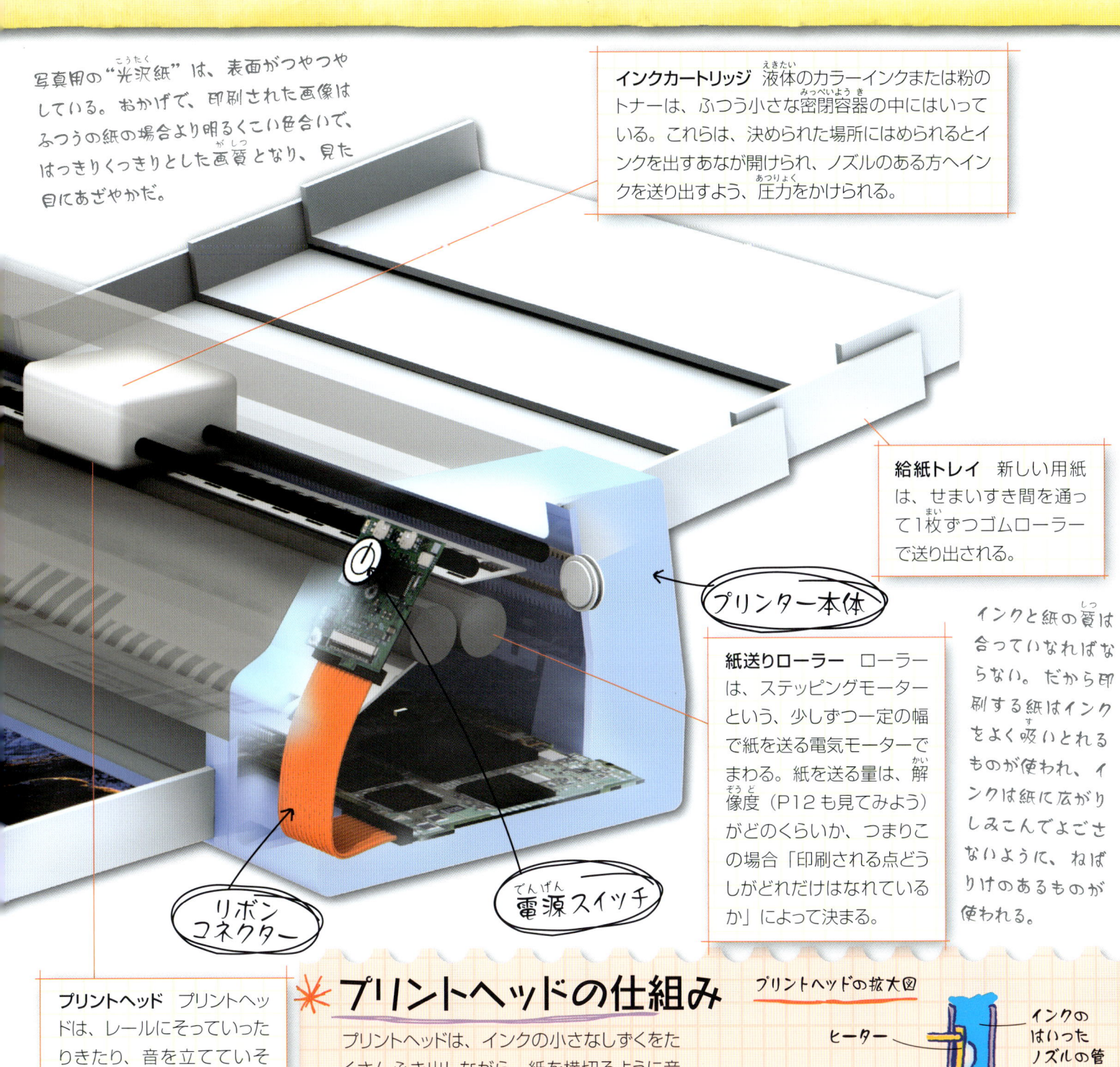

給紙トレイ 新しい用紙は、せまいすき間を通って1枚ずつゴムローラーで送り出される。

プリンター本体

紙送りローラー ローラーは、ステッピングモーターという、少しずつ一定の幅で紙を送る電気モーターでまわる。紙を送る量は、解像度（P12も見てみよう）がどのくらいか、つまりこの場合「印刷される点どうしがどれだけはなれているか」によって決まる。

インクと紙の質は合っていなればならない。だから印刷する紙はインクをよく吸いとれるものが使われ、インクは紙に広がりしみこんでよごさないように、ねばりけのあるものが使われる。

リボンコネクター

電源スイッチ

プリントヘッド プリントヘッドは、レールにそっていったりきたり、音を立てていそがしく動く。動きながら小さなインクのしずくをふき出して、1本の線を印刷すると、紙が少しだけ動いて次の1本の線を印刷する。

インクジェット式のカートリッジには、リサイクルできるものがある。使い終わったあと、きれいにしてから、液体のインクか、または細かい粉のトナーをつめかえるんだ。

✳ プリントヘッドの仕組み

プリントヘッドは、インクの小さなしずくをたくさんふき出しながら、紙を横切るように音を立ててすばやく動く。インクのしずくをつくり出す方法の1つに、小さなヒーターがインクをふくらませてあわにし、ほんの少しの量をせまいノズルの先から押し出す仕組みのものがある。シアン（青緑色）・マゼンタ（赤紫色）・黄色の基本3色のインクをいろいろ組み合せることによって、どんな色でもつくることができる。この3つの色を全部使えば黒だ。でも、ふつう、よく使う黒は黒色インクを別に使い、ほかの3色のカラーインクが早く終わらないようにしているんだ。

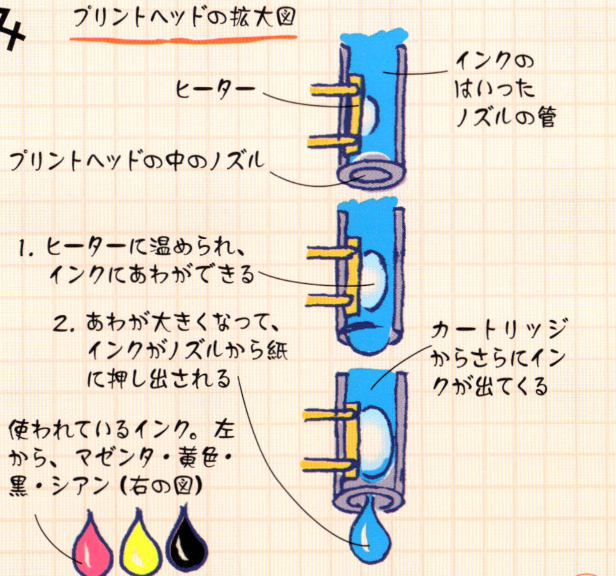

プリントヘッドの拡大図

ヒーター
インクのはいったノズルの管
プリントヘッドの中のノズル

1. ヒーターに温められ、インクにあわができる
2. あわが大きくなって、インクがノズルから紙に押し出される

カートリッジからさらにインクが出てくる

使われているインク。左から、マゼンタ・黄色・黒・シアン（右の図）

ワイヤレスマイク

マイクは、音のパターンを同じパターンの弱い電気信号に変え、その信号を強めるためにアンプ（増幅器）に送る。ふつうのマイクは、アンプまで長いコードがつながっているので、マイクを使う人は自由に動きまわることができないし、コードにつまずく心配さえある。それに対して、コードのないワイヤレスマイクは、信号を電波でアンプに直接送るんだ。ワイヤレスマイクには、そのままの電気信号で送るアナログ式と、デジタル信号に変えて送り、またもとのアナログ式の電気信号にもどすデジタル式がある。

へえ、そうなんだ！

初めてのマイクは、世界で最初につくられた電話機の中で使われたもの。アレクサンダー・グラハム・ベルとその仲間の人たちが、1870年代につくった電話機だ。1920年代までには、それよりももっと大きく、性能のよくなったマイクが、ラジオ放送でいつも使われるようになったんだ。

この先どうなるの？

きみが話すことを無線で送るために、小さなつぶのようなマイクをいれ歯の中にいれることはできるだろう。でも、食事をするときは、マイクの音量を下げておかなければならないよ！

マイクが正しく働いているかたしかめるとき、マイクにむかって、「テスト、ワン、ツー」とか、「マイクテスト」などという。この言葉の中には、"s"（サ行に使われる音）とか"t"（タ行に使われる音）など、人の声でよく出てくる音がふくまれている。

胴体部分

電池 マイクの胴体部分は手でにぎりやすい形になっているが、電池をいれるにもぴったりの形だ。電池がなくなりそうになると、それを知らせるライトがつく。マイクの中には、「ミュート」にきりかえることができるものもある。ミュートとは、消しているようでもまたすぐに使えるように一時停止の状態になることだ。

送信機とアンテナ トランスミッターともよばれる無線送信機が、アンテナから信号になった電波を送り出し、ふつう、マイクから100メートル以内のところに置いた受信機に、音声の情報を送る。

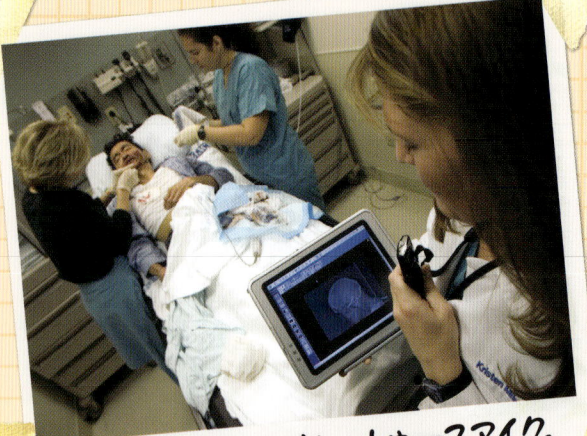

ハンドグリップ

英語で"バグ"というのは小さな盗聴器のことで、小型マイクと送信機でできている。これはよくスパイ活動や、ひみつの調査に使われるんだ。

ブルートゥースってなんだろう？

コードがひどくからんだり、だらだらと長くはっていったりするのをさけるため、電気製品どうしで電波を使って情報を送り合うことができる。これが、無線、つまり「ワイヤレス」だ。ブルートゥースというのは、どこかの会社の製品や機器の種類の名前ではない。情報を無線信号におきかえる方法の1つで、短距離無線システムの速さ・品質・強さ・信頼性などを定めた1つの規格なんだ。ふつう、それぞれ自分たちのシステムを使っている別の会社の製品どうしは、たがいに通信することはできないけれども、ブルートゥースを使った製品ならどこの会社のものでも、決められた方法でおたがいに通信できるんだ。

病院で使われるブルートゥースマイク。となりの部屋に無線でつながっている。

20

>>> デジタル機器 <<<

✳ マイクの仕組み

マイクにはたくさんの種類がある。よく、ステージなどで使われるのは、ムービングコイル型マイクに代表されるダイナミックマイクが多い。このタイプのマイクには「電磁誘導」という現象が使われているんだ。音は、マイクの中にある磁石の近くでコイルをふるわせる。磁石の力が働く磁場の中で導線がこのように動くことにより、導線の中に電流が流れるようになる。これが「電磁誘導」で、この電流のパターンは音のパターンと同じなんだ。これとは反対の電磁作用が、スピーカーの仕組みに使われている（P22も見てみよう）。

ムービングコイル型マイクのほかにも、コンデンサー（静電）マイク・レーザーマイク・カーボンマイク・圧電（クリスタル）マイクなど、マイクにはたくさんの種類がある。たとえば、重さが軽いとか、じょうぶだとか、再生したときの音の質がよいとか、それぞれのタイプにそれぞれのよさがあるんだ。

1. 音が振動板にあたる
2. 音が振動板をふるわせる
3. 振動板につながったコイルが、リング磁石の磁場でふるえる
4. コイルの中に電気信号が発生し、コードを通って流れていく

磁気コイル 振動板につながったコイルは、ごく細い導線を何回もまきつけたもの。まく回数が多いほど、つくり出される電気信号が強くなり、音がよりはっきり聞こえるようになる。

"単一指向性マイク"とよばれるものは、1つの方向からの音だけをひろうんだ。

風防 振動板におおいかぶせてあるウレタンフォームなどのカバーは、風や空気の流れが振動板をゆらすのをふせぐ。でも、音にとっては何もないのと同じで、まわりからの音は風防を通ってはいってくる。

（永久磁石）

（マイクヘッド）

プリント基板 プリント基板が、コイルからくる電気信号を選んだり、変えたり、ノイズをとりのぞいたりして、送信機に送る準備をする。

振動板 音がぶつかると、うすくてしなやかな振動板はとてもすばやくふるえる。これによって、振動板につながったコイルが同じようなパターンでふるえる。

"全指向性マイク"とよばれるものは、どの方向からくる音でもひろうんだ。

21

スピーカー

スピーカーは、電気信号のパターンを同じパターンの音にかえる。つまり、マイクと反対の仕組みなんだ（P20も見てみよう）。スピーカーを動かすのに十分強い電気信号にするために、ふつう、アンプによって電気信号を「増幅」、つまり強めなくてはならないんだ。

へえ、そうなんだ！
世界で初めてのスピーカーは、マイクと同じように、アレクサンダー・グラハム・ベルとその仲間の人たちが1870年代に初めてつくった電話機の部品として開発された。

この先どうなるの？
ブルートゥースを使った小さな無線イヤホンは、人の耳にうめこんで、考えるだけで無線のスイッチをいれたり、無線を聞いたりできるようになるかもしれない。

大きなイベントで使われるような巨大なスピーカーは、数千ワットもの電力が必要なんだ。それに対して、イヤホンの中にある小さなスピーカーが使う電力は、わずか千分の数ワットだ。

多くの最新電子機器とはちがって、スピーカーの仕組みはアナログだ。スピーカーは、オンとオフのデジタル信号ではなく、連続的に変わる電気信号を使っているんだ。

コイル リング磁石の中のコイルは「ボイスコイル」ともいい、とても細い導線を何度もまきつけたものだ。数多くまきつけることによって、たとえとても弱い電気信号でも、できるかぎり大きくふるえるようになっている。

リング磁石

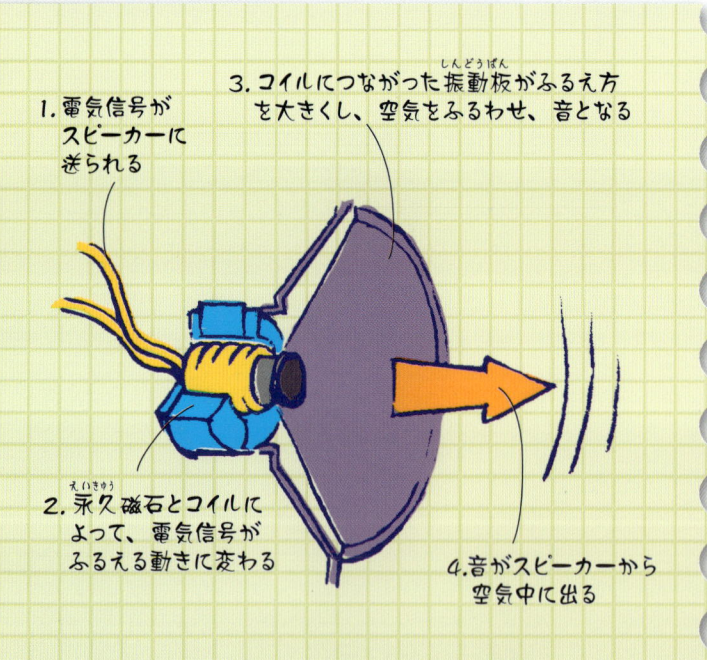

1. 電気信号がスピーカーに送られる
2. 永久磁石とコイルによって、電気信号がふるえる動きに変わる
3. コイルにつながった振動板がふるえ方を大きくし、空気をふるわせ、音となる
4. 音がスピーカーから空気中に出る

＊ムービングコイル型スピーカーの仕組み

スピーカーは、「電磁誘導」とは逆の現象を利用している。これも電磁作用の1つだ。電流が導線をまいたコイルを流れると、コイルは磁場をもった電磁石になる。するとコイルをとりまいている、リング型永久磁石のいつも変わらない磁場と、電磁石となったコイルの磁場が、スピーカーの中でたがいにひきつけ合ったり反発し合ったりと、かわるがわる起こるようになる。これによって、コイルがふるえるようになり、それが振動板に伝わって、音の波を生み出すんだ。

スタンド

振動板 振動板で円すい形をしているものは、コーンとよばれ、ふつう、かたいプラスチックか特別につくられた紙でできている。外側のへりがしなやかになっているので、フレームの中で自由にふるえることができる。

>>> デジタル機器 <<<

✲ 小さなスピーカー

イヤホンは、耳の中にいれられる小さなスピーカーだ。イヤホンの中にある磁石は、特別な合金、つまり、いくつかの金属をまぜ合わせたものでできている。この磁石にはとても強い磁場があるけれども、とても軽く、ぶつかったりゆらしたりしてもだいじょうぶだ。材料の合金には、サマリウムとコバルトというレアメタルがふくまれていて、これらがどっしりとした低い音の出るイヤホンにするんだ。ヘッドホンには、それよりやや大きなスピーカーと、よけいな音が聞こえないように耳をおおうイヤーカップがある。

ふつう、"スピーカー" というと、スピーカーユニットとよばれる音の出る部分が、1つかそれ以上ある箱全体をさすことが多い。箱の中のスピーカーユニットはドライバーといわれることもある。

イヤホンを使えば、まわりの人に迷惑をかけないで、音を楽しめる。

ツイーター ほかより小さいこのスピーカーユニットは、シンバルの音や人の声の「s」（サ行に使われる）音のような高い音を出す。

サブウーファーというスピーカーは、人の耳で聞きとれないほど低い音も出す。でも、わたしたちはドンドンとひびく音を体で感じることができるんだ。

グリル グリルとよばれるカバーは、中のスピーカーユニットがきずつかないように守っている。でも、音は何の変わりもなく通りぬける。

ウーファー ほかより大きいこのスピーカーユニットは、ドラムやベースギターのような低い音を出す。

iPod（アイポッド）
ドック

ムービングコイル型のようなダイナミック型スピーカーのほかにも、コンデンサー型（静電型）、リボン型、圧電型（クリスタル型）などのスピーカーがあり、これらは特別な使いみちや目的で使われる。

かなり高い品質のスピーカーシステムには、出せる音の高さがちがう5種類のスピーカーユニットがはいっている。低い音を出すものから順に、サブウーファー・ウーファー・ミッドレンジ・ツイーター・スーパーツイーターだ。

23

デジタルオーディオプレーヤー

さまざまな会社がつくっているデジタルオーディオプレーヤー。携帯音楽プレーヤーなどともいわれる。アップル社がつくった製品は、iPod（アイポッド）という名前でよばれているが、ほかはMP3（エムピースリー）プレーヤーという、一般的な規格の名前でよばれるものが多い。「MP3」という用語は、音をデジタル符号に変え、音の質を落とさずに記憶する量を"圧縮"、つまり少なくする方法をしめしている。

MP3は、"MPEG Audio Layer-3"の略語で、この"MPEG"というのは、"ムービング・ピクチャー・エクスパーツ・グループ"のこと。これは、アルゴリズム（ある種の問題をとくための計算や処理の手順）を使って、動画と音声をデジタル形式におきかえる方法を研究する電子工学の専門家の集まりなんだ。

へえ、そうなんだ！

iPodは、アップル社の最高経営責任者、スティーブ・ジョブズが目を光らせる中、開発するのになんと1年もかからなかった。2001年、「ポケットに1000曲」というキャッチフレーズで発売されて以来ずっと、最も売れているデジタルオーディオプレーヤーなんだ。

この先どうなるの？

MP4（エムピーフォー）は、MP3よりもデータを送るのが速い。音声と動画をあつかい、データの圧縮でメモリーは少なくてすむ。インターネットを通じて音声や動画を受信しながら同時に再生する「ストリーミング」をするのにぴったりだ。

電池パック

ディスプレー 液晶ディスプレーは、選ぶメニューのほか、今流れている曲名やイヤホンの音量などさまざまな情報を表示する。

うすい本体

ハードディスク この小型のコンピューターハードディスクに、音声の情報がすべてはいっている。ふつう、ハードディスクがめいっぱい記録できる量、つまりメモリーの容量はGB（ギガバイト）で表される。

クッション材 デジタルオーディオプレーヤーの中にあるハードディスクはじょうぶにできているけれども、さらに、ぶつかったりゆさぶったりすることから守るゴム製のクッション材などでおおわれている。

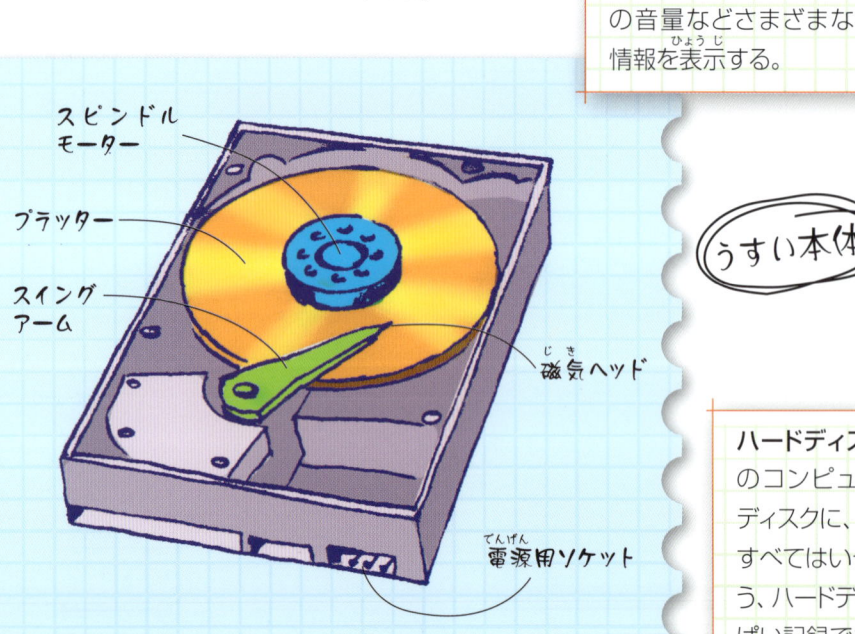

- スピンドルモーター
- プラッター
- スイングアーム
- 磁気ヘッド
- 電源用ソケット

✸ ハードディスクの仕組み

ハードディスクは、プラッターともよばれる回転する円ばんのことで、1枚か数枚重なっている。その表面には、磁気をおびた物質がごくうすくぬってあるんだ。スイングアームの先の磁気ヘッドがプラッターの表面にさわらないようにして動き、指示された場所に磁気の点のパターンを作ることで情報を書きこんだり、またこれらの点の磁気を調べることで情報を読みとったりするんだ。

>>> デジタル機器 <<<

アップル iPod 分解図

ディスプレーのついているデジタルオーディオプレーヤーのなかには、ブロックくずしやトランプゲームの"ソリティア"、音楽クイズなどのゲームができるものもある。

フラッシュメモリーは"不揮発性"だ。これは、記憶した内容を保つのに、電気がいらないということ。だから、このマイクロチップの中にある情報は、電気がなくても何年も消えずに残っているんだ。

アルバムアートワーク

マザーボード

✳ フラッシュメモリー

音楽プレーヤーの中にはフラッシュメモリーを使うものがある。フラッシュメモリーは、記録した情報をあとで消したり、プログラムし直したりできるマイクロチップだ。フラッシュメモリーチップは、小型のハードディスクより小さくて値段が安いけれども、記憶できる量は少ない。でも、使う電力が少ないため、ハードディスクを使うよりも電池が長もちするんだ。フラッシュメモリーチップは、音楽プレーヤーの他、コンピューター、ネットワーク装置などでも使われる。

USBメモリースティックは、いろいろな電子機器に差しこんで使う。

クリックホイール「再生」「一時停止」「早送り」「まきもどし」「音量」などの操作や、メニューを選んだり前のメニューにもどったりするには、ならんだボタンを押すのではなくて、この輪の形のどこかを押す。

タッチセンサー コンデンサーとよばれる平らな部品がならんでいて、指が近づいたときや、その指がどちらに動くかがわかる。指があることでコンデンサーにたまる電気の量が変わるので、操作の情報が伝わる。

iPodやMP3プレーヤーが登場する前によく使われていたのは、レーザー光を利用した"ポータブルCDプレーヤー"で、MP3プレーヤーの10倍以上も大きく重かった。音楽を再生中にプレーヤーを動かすと、CDの音がとんでしまうことがあったんだ。

25

テレビゲーム機

コンピューターゲーム、あるいはテレビゲームといわれるゲーム機は、1960年代からずっとわたしたちの身近にある。でも、初めのころのゲーム機はゲームの種類があまりなかった。たとえば"テニスゲーム"といっても、棒のような2本のバーとボールが1個あるだけ。しかも白黒画面だったんだ！　最近の新しいゲーム機は、びっくりするほどきれいで反応の速い3Dのカラー画面で、何百というゲームができる。自分1人だけで遊ぶこともできるし、友達と対戦することもできる。世界の反対側にいるだれかとオンラインゲームをすることだってできるんだ。

へえ、そうなんだ！
文字ではなく絵や記号を使った、最初のコンピューターゲームは、1952年につくられた「ティック・タック・トゥー」という○×ゲーム。その後、「テニス・フォー・ツー」が1958年に発表された。そして、本当のコンピューターゲームといえる最初のゲーム「スペースウォー！」は、1962年に登場した。

この先どうなるの？
「テレビゲームには、"休けいタイム"をあらかじめいれておくべきだ」という意見がある。「1時間ごとに10分間ゲームが止まる」というような仕組みで、ゲームをする人の健康のため、そしてゲームに夢中になりすぎるのをふせぐためだ。

これまでで最も人気の高かったゲームの1つが"スペースインベーダー"。ゲームセンターのゲームとして1978年に発売され、その後、家庭用のゲーム機で使えるものも売られるようになった。ゲームセンターのゲームでこれほどたくさん遊ばれたものはほかにない。

ソニー プレイステーション

メインボード

✳ もうひとつの世界
インターネットに接続して楽しむオンラインゲームは、とても細かいところまで表現され、ふくざつになったので、コンピューター上にあらわれる「バーチャル世界」の中に、まるでもう1人の自分がいるかのようだ。「アバター」というのは、ヒンドゥー教の言葉を元に使われるようになったよび名で、ゲームをする人がゲームの中で自分自身の代わりとして使うキャラクターのこと。人間のような姿から動物・モンスター・ロボット・機械、あるいはかんたんな記号やアイコンのようなものまで、その形はさまざまだ。

マイクロチップ たくさんのマイクロチップの中に、クロックチップが1つある。これは、すべての回路がいっしょに正確に働くようにし、マイクロチップどうしで信号がタイミングよく送られるようにするものだ。

ソニーの"プレイステーション3"や、マイクロソフトの"Xbox (エックスボックス) 360"、任天堂の"Wii (ウィー)"などのテレビゲーム機は、"第7世代"とよばれている。

光学ディスクドライブ 技術の進んだゲーム機は、DVDやブルーレイディスクを再生できるので、ハイビジョンテレビやコンピューターの画面で映画を見るプレーヤーとしても使える。

新しく発表されたゲームで遊ぶため、イベントに集まるゲーム愛好家の人たち

PLAYSTATION

>>> デジタル機器 <<<

✳モーションセンサーの仕組み

任天堂の「Wiiリモコン」のような、かた手もちタイプのコントローラーは、中にあるモーションセンサーでゲームをする人の動きを感じとり、ゲーム機本体にその情報を送る。この種類のコントローラーには、すべてに動きを感じとる加速度センサーがはいっている。これは、板や棒のようにつき出た電極、あるいは、バネにとりつけたおもりが、コントローラーの動きに少しおくれて動くことを利用している。また、かたむきをより正確に感じとるため、小さなジャイロスコープが加わっているタイプもある。ジャイロスコープは、回転する重いこまのようなもので、ぐらついたり動いたりするのをこらえる性質があるんだ。

ワイヤレスコントローラーからの指示を、センサーが受けとる

センサー

ディスプレー

かた手もちタイプのワイヤレスコントローラー

ワイヤレスコントローラーの中のモーションセンサーが、動くむきや強さを感じとる

電源スイッチ

バッテリー

アイコン アイコンとよばれる、小さな図形の記号やマークがよく使われる。文字とちがって、世界中どこででもその意味が伝わるからだ。

ショルダーボタン これらのボタンは、人差し指で操作する。ショルダーボタンが2つある場合は、中指も使うことがある。

ごくふつうのゲームソフトを1つ生み出すのに、100人以上の人が働いている。全体のデザイン・絵やアニメーション・音楽や音声・ゲームのルール・ゲームの戦い方など、さまざまなことを開発するチームに分かれてとり組んでいるんだ。

振動機能 たとえば、ゲームで操作しているレーシングカーが、コースをはずれてガタガタの地面にのってしまったときなど、コントローラーがふるえるようになっている。これは、かたよりのあるおもりがついた小さな電気モーターが回転することによって起こる。

アナログスティック 左右にあるアナログスティックは、小さなマッシュルームのような形のジョイスティックで、親指で使うのにちょうどよい場所につけられている。360度、どの角度の動きでも感じとるために、直角になるようにおかれた2つのセンサーがある。

コントローラー ワイヤレスコントローラーのボタンで、メニューを選んだり、画面に映るものを動かしたり、ドアや箱のふたを開けしめしたり、銃をうったりするなど、ゲームの内容によってさまざまなことができる。

1億台以上が売れた初めてのゲーム機が、ソニーのプレイステーションシリーズだ。プレステ1は2004年に、プレステ2は2005年に達成した（注：イラストのコントローラーは、ためしにつくられたもので、実際には売られてない）。

ホームシアター

映画館に出かけるのは、本当にわくわくするイベントだ。はく力のある大きな音につつまれながら、とても大きなスクリーンで今話題の大ヒット映画を見られる。でも、この20年の間に、ホームシアターだってどんどん大きくなり、質がより高くなってきた。ほんものの映画館のように家庭で映像を楽しむ「ホームシアター」にかかせないのは、ワイド画面のテレビ、いくつかのスピーカーを組み合わせたサウンドシステム、映画の再生・録画をするDVDレコーダー、そしてそこで再生される「映画」そのものだ。

へえ、そうなんだ！

初めてCDが売られたのは1980年代の始めのころ。音声用のCDとして、おもに音楽を聞くのに使われた。その後、コンピューター技術者が、文章や画像、アプリケーションソフトやデータファイルなどを保存するのに使うようになった。最近では、そのようなコンピューターのデータ保存に、ミニハードディスク・マイクロドライブ・メモリーカード・メモリーチップ・メモリースティックなどの記憶装置を、CDの代わりに使うことも多くなった。

この先どうなるの？

科学者たちは、「ホログラフィックディスプレー」を開発中だ。フラットパネルディスプレーで、めがねをかけて見る3D映像など、奥行きがあるように勘ちがいさせる方法とはちがって、色のついた光が本当に奥行きのある3次元（3D）で浮かび上がることで、風景やものが立体的に映るものなんだ。

ブルーレイディスクは、青いCDかDVDのようだが、ちがうものなんだ。ブルーレイの読みとりに使われる青いレーザーは、DVDで使われる赤いレーザーよりも小さな点を読みとれるため、25ギガバイトか50ギガバイトもの、より多くの情報を保存できる。だからハイビジョンのような高画質の映画も録画できるんだ。

スピーカー　「5.1チャンネル」といわれる標準的なスピーカーシステムには、6台のスピーカーが組み合わされている。どこに置いてもよい、とても低い音を出す「サブウーファー」が1台と、ステレオ効果が出るように左右両側に置く、2台の「フロントスピーカー」・そのギャップをうめるため真ん中から音がくるようにする、「セントラルフロントスピーカー」・サラウンド音響といって、まわりからとりかこむように音を出す、左右2台の「リアスピーカー」だ。

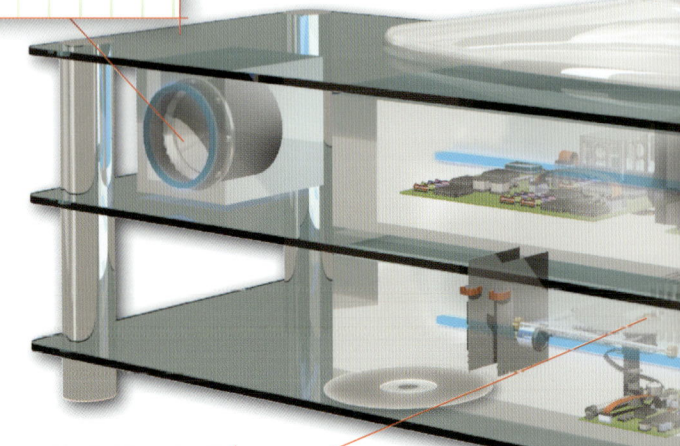

「ウォーリー」のような現代の大ヒット映画の多くがCGを使っている。

まるでほんもの！

人の目をひきつけるたくさんの映画が、CG（コンピューターグラフィックス）とよばれる、コンピューターでつくった映像を使っている。本当に人が演じている映像に特別な効果をいれる場合もあるし、全部まるごとコンピューターでつくったアニメーション映画の場合もある。キャラクターや背景のもとになる形が、コンピューターのメモリーの中に、3次元のあみ目のある「メッシュ」の画像として形づくられる。そして、たとえばキャラクターが歩くときなどは、数字などで表される式を使って、このメッシュを動かしたり変化させたりすることで表現できるんだ。

DVDレコーダー　ごくふつうのDVDが記憶できる量は、4.7ギガバイト。最大でCDの6倍の情報がはいる。2時間ほどのカラー映像と音声をいれるには十分だ。

初めて映画をスクリーンに映したのはフランスのパリで、1895年のこと。オーギュストとルイのリュミエール兄弟が、自分たちでつくった10作の50秒映画を上映したんだ。その中には、工場で働く人たちが工場から帰るようすを映した「工場の出口」という作品もあった。

>>> デジタル機器 <<<

プラズマテレビ

ワイド画面 ワイド画面の形式は 16：9（P8 も見てみよう）。これはわたしたちの目の「視野」にうまくぴったり合うように、幅と高さの割合がちょうどよくなっている。視野というのは、両目で見たとき完全に見えるはんいのことだ。

コンポーネントラック

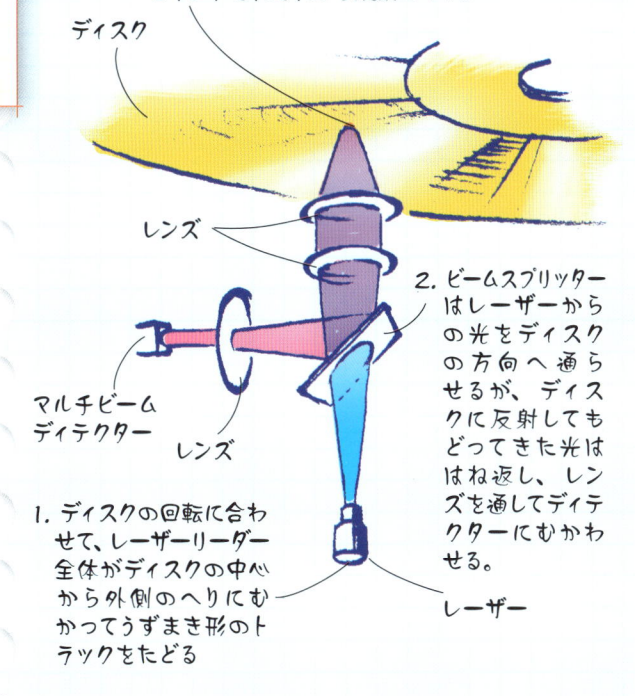

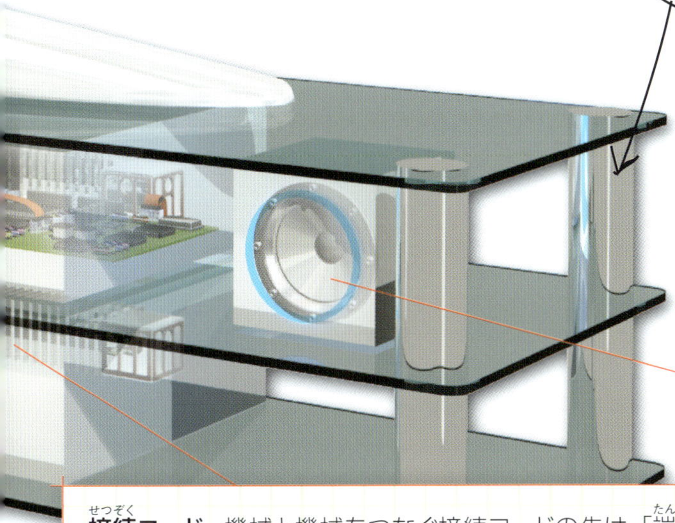

接続コード 機械と機械をつなぐ接続コードの先は「端子」とよばれ、いくつかのタイプがある。細長い四角の「21 ピン SCART 端子」、赤・緑・青のピンの形をした「コンポーネントビデオ端子」、小さくて丸い「S 端子」、コンピューターのモニターに使う「DVI 端子」、最新の「19 ピン HDMI 端子」などだ。

✳ CDとDVDの仕組み

CDとDVDは、光を使って情報を読み書きするものだ。それぞれのディスクの平らな面には、ピットというくぼみが、トラックとよばれる 1 本のうずまきを描くようにならんでいる。ピットとピットの間の平らな部分はランドというんだ。ピットとランドがどのようにならんでいるかでデジタル符号になった情報が表される。ディスクがまわるのに合わせてレーザー光があたると、ピットとランドそれぞれからの反射がずれることで反射光が変化する。この反射光の明るさの変化をディテクターが読みとるんだ。

3. レーザー光線がディスクの表面のピットとランドそれぞれから反射してくる

ディスク

レンズ

2. ビームスプリッターはレーザーからの光をディスクの方向へ通らせるが、ディスクに反射してもどってきた光ははね返し、レンズを通してディテクターにむかわせる。

マルチビームディテクター

レンズ

1. ディスクの回転に合わせて、レーザーリーダー全体がディスクの中心から外側のへりにむかってうずまき形のトラックをたどる

レーザー

サウンドシステム DVDからの音声の情報は、サウンドシステムに送られる。ここで、音量（音の大きさ）、バス（低音）、トレブル（高音）、バランス（左右のスピーカー）、フェード（前後のスピーカー）などを調節する。

バーチャルリアリティー

現実の世界はほんもので、バーチャルの世界はにせものだ。でも、視覚（目でものを見る感覚）・聴覚（耳で音を聞く感覚）・触覚（体で何かをさわる感覚）など、わたしたちの感覚がとらえた情報が、わたしたちに「ほんものだ」と思わせてしまうこともある。最もよくできたVR（バーチャルリアリティー）システムでは、景色や音や動きのような情報を人間の脳に送りこんで、それがにせものやうそではなく、ほんもので本当にそこにあるとわたしたちに信じこませてしまうんだ。VRは遊びや楽しむために使われる。でも、飛行機のパイロットの操縦訓練や医者の手術の訓練といった、大事なことにも利用されている。

へえ、そうなんだ！
初めてできたVRの機械の一つは、パイロットや飛行機の乗組員が使うフライトシミュレーターだった。第2次世界大戦（1939～1945年）のころだが、「天測航法訓練装置」という高さ13.7メートルのとても大きな機械は、中に爆撃機の乗組員全員をすわらせ、夜の攻撃の訓練ができたんだ。

この先どうなるの？
VRの装置は、より速く、よりふくざつになり、体にもっとたくさんのしげきを受けるようになった。ヘッドマウントディスプレーからいろいろなにおいの小さなつぶが出てくるというものもある。たとえば、消防士がものすごい火事に立ちむかうVR訓練をするときに、けむりのにおいがするというぐあいだ。

ディスプレー 左右2つのディスプレーは、人間の目と同じように、少しだけちがう映像を映す。この2つの映像を脳が1つにするので、立体的なながめになる。

イヤホン ステレオになった音声はイヤホンかヘッドホンで聞く。つけている人の左側で起こったように見える動きには、左側のイヤピースの方からより大きな音が出るようになっている。

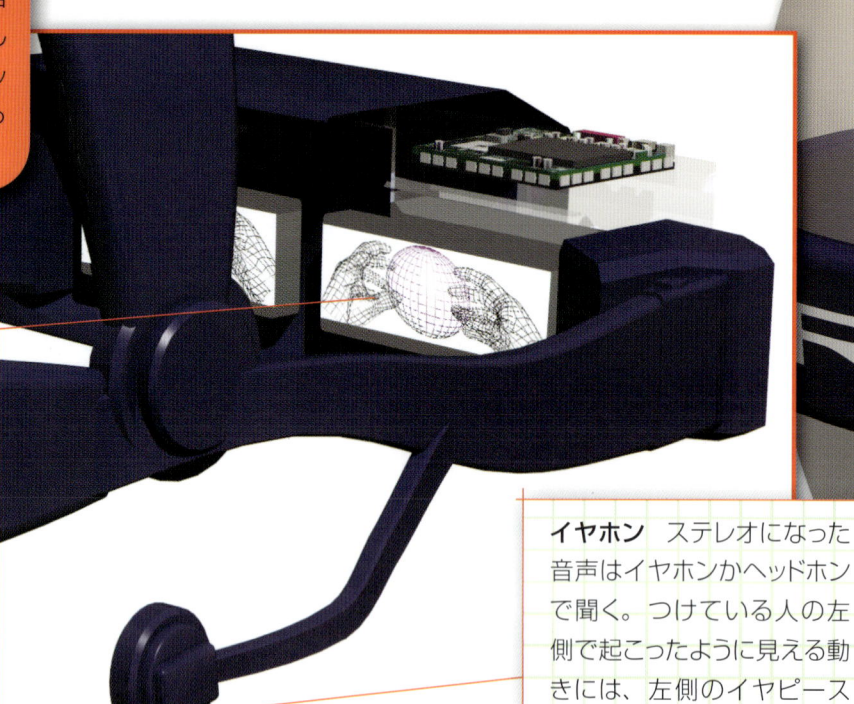

開発中の"イマーシブ・コクーン"という球形のバーチャルルームは、中にいる人のあらゆる感覚をしげきして、アフリカの草原から奥深いどうくつまで、世界のあらゆるところに連れていってくれる。

✳ 空を飛ばないで、空を"飛ぶ"

フルモーション・フライトシミュレーターは、大きな画面で見せる機体の外のようすを、パイロットがどのように飛行機を進ませようとしたかによって変えるだけではない。シミュレーターの下についている、力強く反応の速い油圧ピストンを使って、本当の飛行機が動いているように、機体をかたむけたり、機首をふったり、ガタガタとふるわせたりする。始めたばかりの人はひどい「飛行機酔い」になってしまうこともあるんだ。

ボーイング727のシミュレーターで訓練するパイロットたち

バーチャル手術の技術は、この先、ほんものの"遠隔手術"につながっていくかもしれない。"遠隔手術"というのは、1人のお医者さんが、はなれたほかの場所にあるロボット機器を操作して、そこにいる病気やけがの人の手術をすることなんだ。

>>> デジタル機器 <<<

ヘッドマウントディスプレー このVRのヘッドセットには、ディスプレーとイヤホンかヘッドホンがついている。つけている人がしめつけられることによって気が散ることもなく、いつのまにかつけていることをわすれてしまうくらい、つけ心地がよくなければならない。

"アーティフィシャルリアリティー"というのは、アメリカ人でコンピューターを使うアーティストのマイロン・クルーガーが、1970年代に考え出した用語だ。"バーチャルリアリティー"という言葉は、それより40年ほど前、フランス人の作家・俳優・演出家のアントナン・アルトーが、初めて使った。

動きと圧力を感じるセンサー センサーグローブには、いろいろな場所に小さなセンサーがあって、つけている人がもっているものをどれだけ押したか感じとる。VRのコンピューターは、にぎる強さを計算し、画面上でその動きに合わせて、そのものを動かしたり変形させたりする。

無線通信 ヘッドマウントディスプレーやセンサーグローブ、あるいはおそらく全身のボディスーツ型のデータスーツも、無線でメインコンソールにつながっている。つけている人は、コードがないので自由に身動きできる。

最初のVRのヘッドセットは1960年代おそくにつくられた。これはとても重かったので、つけている人がつぶされてしまわないように、上にあるフレームからつり下げておかなければならなかったんだ！

✳ 立体視の仕組み

人間の目は左右それぞれ少しだけちがうながめを見ている。これを「立体視」というんだ。ものに近づけば近づくほど、2つのながめのちがいは大きくなり、この2つのながめをくらべることによって、わたしたちの脳はものとの距離をはかるんだ。VRのヘッドマウントディスプレーも、左右の目の前にある2つのディスプレーがちがう映像を映す。でも、ふつうのテレビ画面を見るときと同じように、2つの映像が重なって見えることはない。脳は、2つの映像をまぜ合わせて1つにし、ものがまるで近くに、あるいは遠くにあるように見せるんだ。

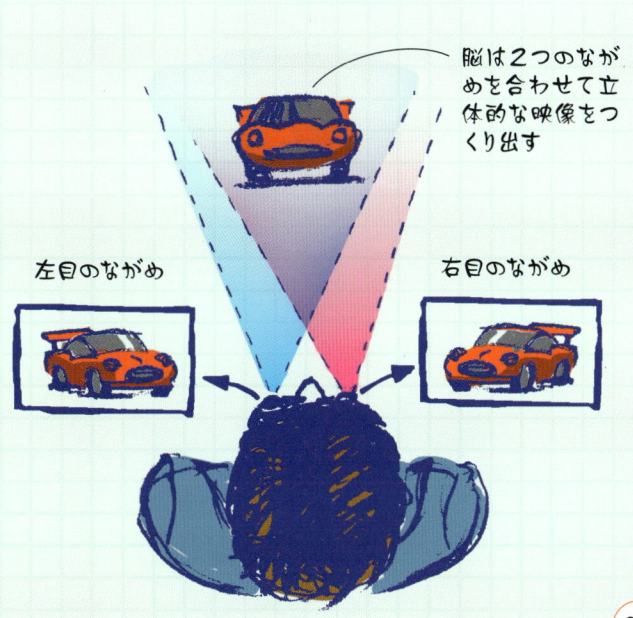

脳は2つのながめを合わせて立体的な映像をつくり出す

左目のながめ　　右目のながめ

31

携帯電話

今の時代、携帯電話のない生活なんて考えられない。でも、この便利な機械も、ほんの20年前には今より3倍も大きく、5倍も値段が高かったし、文字を送る「メール」なんてだれも知らなかったんだ。今、携帯電話は、これまでのようにどんどんサイズが小さくなることはなくなった。ゲーム・カメラ・ビデオ・録音・ナビ・ブルートゥース短距離無線通信・インターネット・音楽プレーヤー・ラジオ・テレビと、むしろ、できることがどんどんふえてきているんだ。

へえ、そうなんだ！

1980年代、初めのころの"移動式"電話は、大きさも重さもレンガと同じくらいだった。マイクロチップと無線回路の進歩はもちろんだが、わすれてはならない進歩の1つがバッテリーだ。より小さく軽くなったにもかかわらず、何倍も長もちするようになったんだ。

この先どうなるの？

技術的には、きみの小指よりも小さい携帯電話はつくれるんだ。でも、そうしたらディスプレーもアイコンもボタンもあまりに小さすぎて、見ることも操作することもできない！　人の声の指示で操作ができる「音声制御」の技術が進めば、この問題も乗りこえられるかもしれないね。

2008年に売られた携帯電話のうち、5台に2台が"ノキア"という会社がつくったものだった。

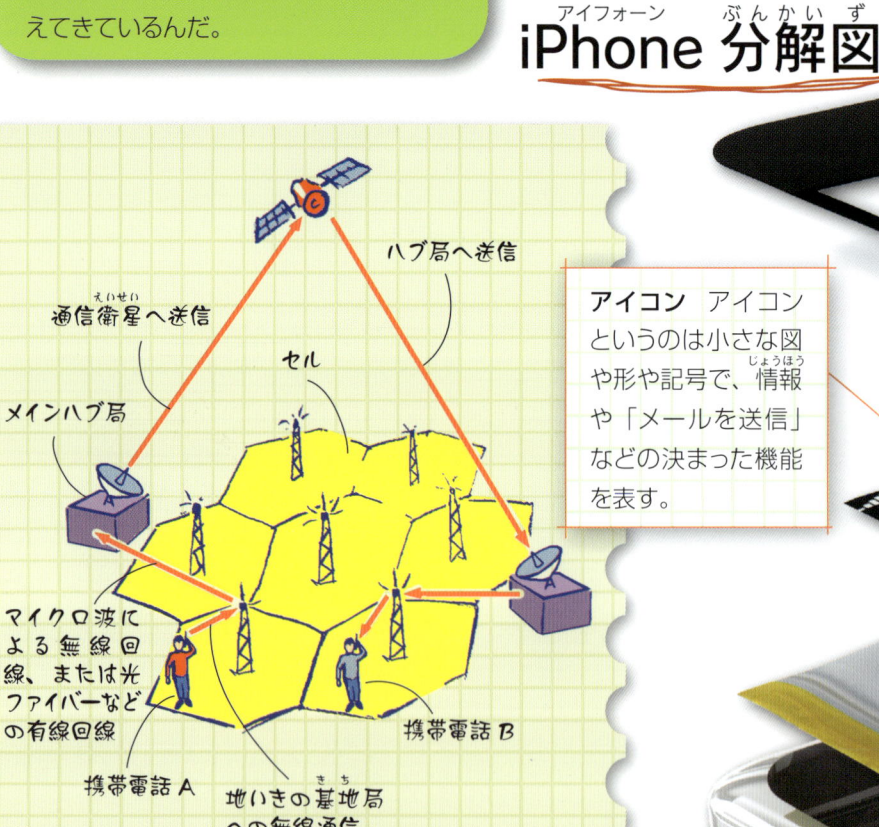

アップル iPhone 分解図

アイコン　アイコンというのは小さな図や形や記号で、情報や「メールを送信」などの決まった機能を表す。

見通しがよく平らな開けたところでは、ふつうの携帯電話から一番近い基地局まで、電波がとどく距離はおよそ40キロメートルだ。

ニッケル水素充電池　ニッケル水素充電池（NiMH）は、小さくても力のある、長もちする充電式電池だ。この電池の大きなものは、電気自動車に使われている。

（図）
- 通信衛星へ送信
- ハブ局へ送信
- メインハブ局
- セル
- マイクロ波による無線回線、または光ファイバーなどの有線回線
- 携帯電話A
- 携帯電話B
- 地いきの基地局への無線通信

※ 携帯電話の仕組み

無線の送信・受信をする「基地局」というアンテナ塔がところどころにあって、それぞれの基地局が受けもつはんいをセルという。すべての基地局は、決まった時間がたつごとにどの基地局かをしめす信号を送っている。携帯電話はそのなかで最も強い信号を感じとって、その基地局に通話やメールを送るんだ。基地局は、ケーブルなどの有線、または、マイクロ波という電波を使う無線でハブ局につながっていて、ハブ局は通信衛星をふくむ通信網と送受信している。この通信網で受信する相手の携帯電話をさがしだし、それに最も近い基地局に通話やメールを送る。それがとなりのセルのアンテナ塔だということだってあるんだ！

>>> デジタル機器 <<<

*メールってなんだろう？

メールは、数字・文字・&や@などの記号や絵文字を使って表されたメッセージを、あっという間に相手に送れて便利だ。また、通話のときとちがって、耳に携帯電話を近づけないですむ。携帯電話から出る電波が、人の耳や脳までもいためるのではと心配する人がいるんだ。これまでの医学的な調査では、携帯電話を使うことが健康に悪いというしょうこは出ていない。

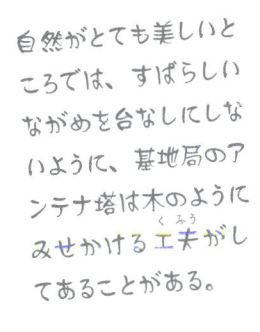

自然がとても美しいところでは、すばらしいながめを台なしにしないように、基地局のアンテナ塔は木のようにみせかける工夫がしてあることがある。

文章にしたメッセージをすばやく送れる"メール"は便利だ。

（保護フィルム）

タッチパネル タッチパネルは、押しボタンのようなアイコンを表示することで、ふつうの携帯電話の操作面にあるキーパネルをいらなくした。これだと、住所録やゲーム、メールなど、携帯電話でしようとする内容に合わせて、表示するボタンのアイコンを変えられるので、キーより便利だ。

ホームボタン 画面の下にあるこのボタンを押せば、いつでも基本のホーム画面にもどってくることができる。

（金属ケース）

（通話アイコン）

ドックコネクター ドックコネクターは、ケーブルを使って携帯電話をコンピューターにつなぐところだ。これによって、画像・音声・メール・ゲームのような情報を、携帯電話にダウンロード（受信）あるいはアップロード（送信）することができる。

携帯電話の基地局は、山や谷などの地形や、使う人がどれくらいいそうかという予想人数によって建てる割合が決まる。だから、建物がたくさんあるような地域では、基地局が数多く建てられるんだ。

33

ナビゲーションシステム

自動車についているカーナビなどのナビゲーションシステムは、GPS受信機を使って今いる場所を正確にしめし、ある場所から別の場所までの道案内をしてくれる。GPSは「全地球測位システム」のこと。地上から高さ2万2,200キロメートルの宇宙空間で、1日に2回地球をまわっている約30機のGPS衛星のうち、いくつかの人工衛星が情報を伝えるシステムだ。人工衛星をコントロールしたりうまく組み合わせたりする無線通信回線や、コンピューターなどの装置もそなわっている。GPS受信機は、GPS衛星からの信号を受信して、今いる場所をモニターに映すんだ。

へえ、そうなんだ！

人工衛星を利用するナビゲーションシステムの始まりは、1960年代の「トランシット」。これには5機の人工衛星が使われた。場所を正確にしめすのに2分かかり、それでも100メートルくらいのずれがあったんだ。

この先どうなるの？

わたしたちが今使っているGPSを開発したのはアメリカだが、他の国やグループがそれぞれのシステムをつくろうとしている。たとえば、中国の「コンパス」、ロシアの「グローナス」、インドの「IRNSS」などがある。EU（欧州連合）がほかのいくつかの国々と協力して開発中なのが、「ガリレオ」だ。

地球の大気圏の上の方は変化していて、特に高さ60～1000キロメートルあたりの電離層といわれる層は、GPS衛星の信号を曲げたり弱めたりすることがある。この問題を解決することは、GPSを考える人たちの大きな課題なんだ。

色のついたガラスまどや熱線のはいったフロントガラスのある自動車では、その色や熱線の装置の中にふくまれる金属が、車内のカーナビに人工衛星からの信号がとどくのをさまたげることがある。

受信機 受信機は受信できる人工衛星からの信号をくらべ、最も強い信号が受けとれる3つの人工衛星をずっとおっていく。

SDRAM SDRAM（シンクロナス・ディー・ラム）は、すばやく書きかえられる一時的な情報を保存する記憶装置だ。SDRAMは、必要なときにいつでもすぐにその情報をわたせるように、中にあるほかの部品とつながっている。GPS受信機の中では、1秒の千分のいくつかという速さがとても重要だ。

バッテリー

✴ GPSの仕組み

GPS受信機は、地球上のどの場所にいても、空高い宇宙のGPS衛星のうち、通信状態のよい3機かそれ以上の人工衛星からの信号を受信する。それぞれの人工衛星は、どの衛星かをしめす信号と正確な時こくを受信機にずっと送り続ける。電波はとても速く進むものだが、それぞれの人工衛星から受信機に送られる電波には少し時間差ができる。というのは、受信機から人工衛星までの距離がそれぞれちがっているからだ。受信機は、それぞれの電波の時間の差をはかってくらべ、人工衛星からの距離を知る。そうやって地球上の自分の位置をわり出すんだ。

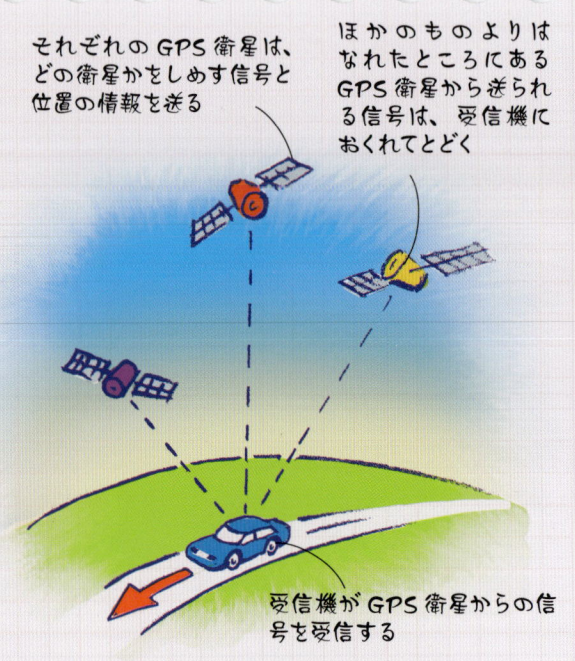

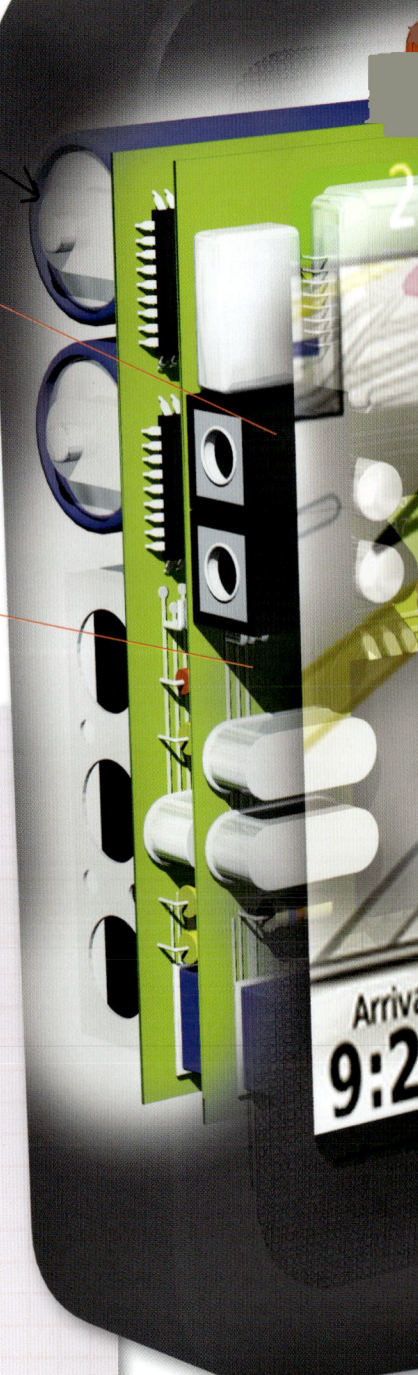

それぞれのGPS衛星は、どの衛星かをしめす信号と位置の情報を送る

ほかのものよりはなれたところにあるGPS衛星から送られる信号は、受信機におくれてとどく

受信機がGPS衛星からの信号を受信する

>>> デジタル機器 <<<

アンテナ 本体の中にあらかじめ組みこまれているアンテナだけではなく、カーナビと電源をつないでいる導線も、無線信号の受信をすることがある。回路は、受信できたGPS衛星からの無線信号をすべてさがしあて、また、テレビやラジオや携帯電話の通信網のような、ほかからのいらない信号を小さくするようにつくられている。

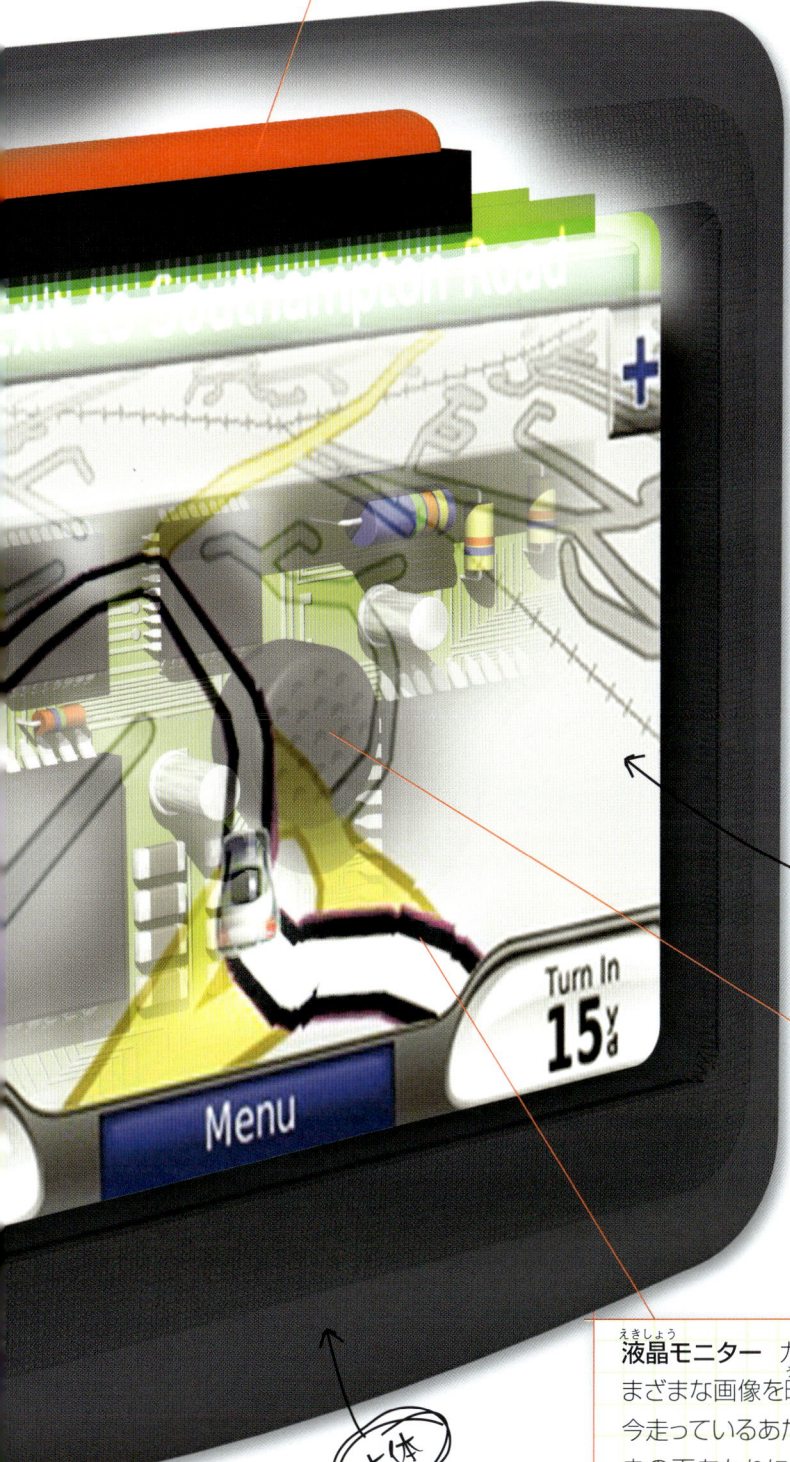

DGPSは、氷河の地図をつくり、地球温暖化を調べるのに使われている。

✳ もうぜったい迷子にならない

「全地球」という言葉がしめすように、GPSは世界中どこででも使えるんだ。携帯電話が通じないような、こおりついた極地のあれ野や人里はなれた山の頂上でもだいじょうぶ。GPSを正確にするには、人工衛星の信号をくらべるふくざつな回路が必要なので、あるていどは、受信機の値段に左右される。それでも、ふつう数メートル以内のずれだ。でも、地上の基準局からの電波も受信できる特別な受信機を使えば、もっと正確になる。これをDGPSというんだ。

アンチグレア・タッチパネル

スピーカー ほとんどのカーナビは、道案内をするとき、あらかじめ録音された言葉を使って、「次の交差点を左折します」などと"話す"。カーナビの多くは声や言語をかえることができる。

本体

液晶モニター カラー液晶モニターは、さまざまな画像を映せる。カーナビの場合、今走っているあたりの道路地図が映り、中央の下あたりに自分の自動車の位置をしめすアイコンがあって、進む方向をしめす。

今おもに使われているGPSは、アメリカが軍事用に開発したもの。だから初めはGPS衛星の信号は敵に利用されないように、読みとれないような符号になっていた。1983年、269人の人が命を落とした、悲しくいたましい航空機事故をきっかけに、ひみつの符号を変えてだれでも使えるようになった。

35

用語解説

アナログ
たとえば、電圧（電流を流す力）の変化のように、連続して変化する強さや大きさの信号によって情報やデータを表す方法。

アプリケーションソフト
コンピューターを使う人がコンピューター上でしたい作業をするための機能をもつソフトウェア。使う人が使いたいソフトをコンピューターにとりいれる。ワープロソフト・表計算ソフト・画像処理ソフトなどのほか、ゲームソフトなどさまざまなものがある。

アンテナ
無線信号などの電波を送り出したり、受けとったりする、通信システムの一部。はり金のように細長い形や、棒の形、お皿のような形をしていることが多い。

液晶ディスプレー
画像を映し出すために、固体と液体の中間の状態の「液晶」を使った表示画面（P7も見てみよう）。

HD
高精細度といい、ディスプレーの技術では、より細かいところまではっきりときれいに映すために、ピクセルとよばれるごく小さな色のついた点が、ふつうのディスプレーにあるものよりも小さくぎっしりつまっているもの。ハイビジョンもその1つ。

ギア（歯車）
まわりに歯のついた車輪のような部品。歯と歯がかみ合って、1つの歯車を回転させるともう1つも回転するようになる。歯車は回転の速さや力を変えたり、回転方向を変えたりするのに使われる。

ギガ
10億をあらわす。1ギガバイト（GB）とは、情報やデータが10億バイトあるということ。ごくふつうのMP3プレイヤーの場合、1ギガバイトで音声をおよそ16時間ほど記録できる。

キロ
1000を表す。1キロバイト（KB）は、情報やデータが1000バイトあるということ。ごくふつうのMP3プレイヤーの場合、1キロバイトで音声を16分の1秒記録できる。

合金
いくつかの金属、または金属とそれ以外の物質をまぜ合わせたもの。強さを高める・重さを軽くする・高い温度にたえられるようにするなど、特別な目的のためにつくられ、使われる。

CCD
電荷結合素子という。光のパターンを電気信号のパターンに変えるマイクロチップ（P16も見てみよう）。

CD
コンパクトディスクのこと。ふつう直径12センチメートルで、おもにプラスチックでできたディスク。ごくうすい金属の層があり、この上にあるごく小さいピットのパターンとして情報やデータを記録する。これはレーザー光線によって読みとられる。ほとんどのCDの記憶できる量は650〜750メガバイト（P29も見てみよう）。

ジャイロスコープ
回転するものがその回転を続けようとして、姿勢を安定させ、動いたりかたむいたりするのをこらえる性質を利用した装置。運動の速さや方向をはかるのに使われる。わくの中でとても速くまわるボールや車輪でできている。

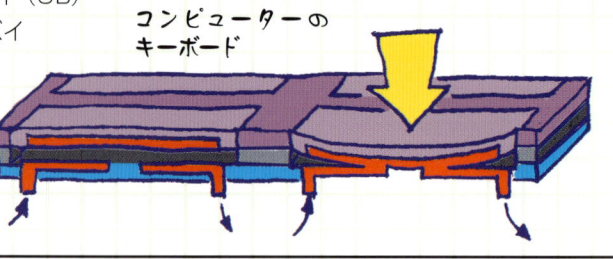

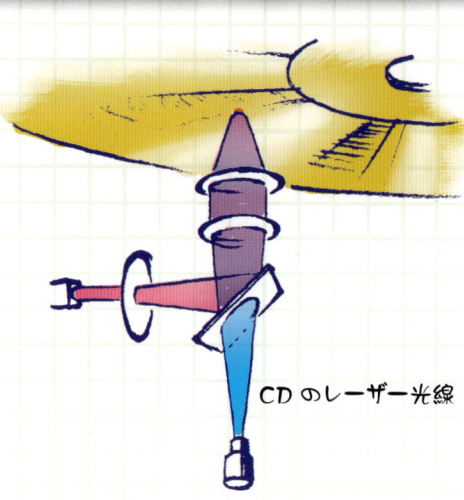

CDのレーザー光線

人工衛星
ある天体のまわりをまわる、別の天体のことを「衛星」というが、さまざまな目的で人間がつくった機械の衛星を「人工衛星」といい、特に地球をまわるもののことをさすことが多い。「人工衛星」のことを、「衛星」とよぶことも多い。

赤外線
可視光線（目に見える光）より波長が長い、目に見えない光の1つで、ものを温める効果がある。

大気圏
地球のように、とても大きな天体のまわりをとりまく、空気などの気体が重なったところ。

DVD
デジタルバーサタイルディスクのこと。ふつう直径12センチメートルで、おもにプラスチックでできたディスク。ごくうすい金属の層があり、この上にあるごく小さいピットのパターンとして情報やデータを記録する。これはレーザー光線によって読みとられる。ほとんどのDVDの記憶できる量は4.7ギガバイト（4700メガバイト）。ディスクの両側の面にそれぞれ記憶する層が2つずつある構造（両面2層）のディスクだと17ギガバイト以上（P29も見てみよう）。

デジタル
1秒間に何百万という数の、オンとオフの2つの状態の信号の組み合わせで、情報やデータを表す方法。

コンピューターのキーボード

> > > デジタル機器 < < <

電極
電気回路など電流が流れるみちすじの一部分で、電気的な接続をするところ。ふつう、板や棒の形をした、電気を通す物質でできている。正極（陽極、＋）と負極（陰極、－）がある。

電子
原子の中にあるごく小さいつぶで、マイナスの電気をおびて、原子核のまわりを動いている。原子からはなれて自由に動くようになったたくさんの電子が電流をつくりだす。

電波
電気と磁気の性質をもった電磁波という波の中で、光より波長が長く、波長が数ミリメートルから10万キロメートルくらいまでの目に見えない波。おもに無線通信やテレビ・ラジオ放送、レーダーなどに利用されている。

導線
おもに、電気を通しやすい金属でできた、電流を通すための線。

ナビゲーションシステム
宇宙にあるGPS（全地球測位システム）の人工衛星からの無線信号を使って、今いる位置をしめしたり、道案内する装置。

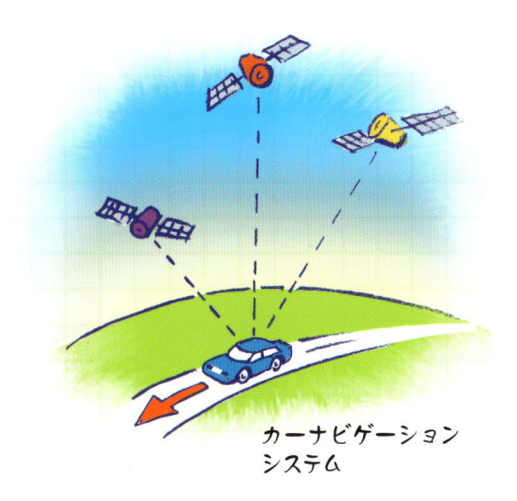

カーナビゲーションシステム

光電池（太陽電池）
太陽の光を直接、電気にかえる機器。電卓など小さな機械や人工衛星に使われている。

ピクセル
画素ともいう、色や明るさのちがう小さな点。たくさん集まって大きな絵や画像をつくり出す。

プラズマ
気体にエネルギーを加えて高い温度になるとき、気体のつぶがプラスの電気をおびたつぶとマイナスの電気をおびた電子に分かれ、自由に動きまわるようになった状態。電気が流れやすくなり、たくさんのエネルギーをもつようになる。蛍光灯の中はプラズマの状態。

ブルートゥース
ふつう、数メートルから数十メートルほどと、ほかの無線にくらべて短い距離で、通信をしたり情報を送ったりする電波を使った無線システム（P20も見てみよう）。

ブルーレイディスク（BD）
DVDによく似た、光を使って読み書きするディスク。読みとりに使われる青い色のレーザー光線は、DVDなどに使われる赤い色のレーザーよりも光の波が短いので、ディスク上のピットの大きさがより小さいものも読みとれる。このためブルーレイディスクは、最高50ギガバイトと、ふつうのDVDよりも多くの情報を記憶できる。

ヘッドセット
マイクがいっしょについているヘッドホン。さらに、その他の機器をとりつける場合もある。

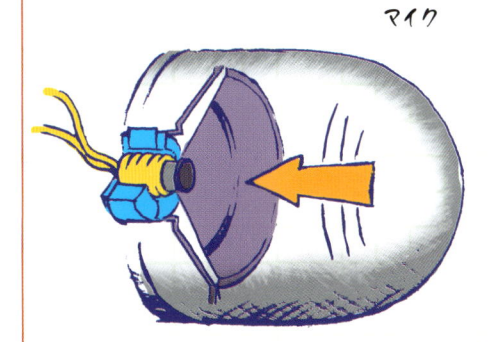

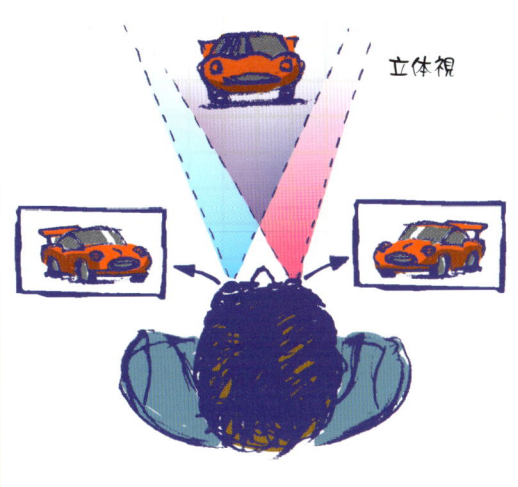

マイク

立体視

マイクロチップ
シリコンやゲルマニウムなどの物質でできた小さなチップに、ごく小さくつくられた抵抗器やトランジスタなどの電子部品がたくさんとりつけられているもの。集積回路（IC）ともいわれる。

メガ
100万を表す。1メガバイト（MB）とは、情報やデータが100万バイトあるということ。ごくふつうのMP3プレイヤーの場合、1メガバイトで音声を1分間記録できる。

レーザー
高いエネルギーをもった特別な光。すべての光の波長が同じで、まじりけのないただ1色の光になっている。ふつうの光は進むうちに広がってしまうが、レーザー光は広がらずにまっすぐ平行に進む。

レンズ
とうめいなガラスか、プラスチック、またはそれに似た物質でできたもので、中央がふくらんだ「凸レンズ」と中央がへこんだ「凹レンズ」があり、光を曲げる。光を集めたり、外に広げたりするように、光の方向を変える（P13も見てみよう）。

ワイヤレス
電気機器が、電線などのコードでつながれていない状態で情報を送ったり、受けとったりできること。ふつう、電波や赤外線などを使っている。

● 著者
スティーブ・パーカー
科学や自然史の書籍を数多く執筆・監修しており、その数は200冊をこえる。動物学理学士の学位取得。ロンドン動物学会のシニア科学会員。

● イラストレーター
アレックス・パン
350冊以上の書籍でイラストを描いている。高度なテクニカル・アートを専門とし、各種の3Dソフトを使って細部まで描き込み、写真のように精密なイラストを作りあげている。

● 訳者
上原昌子
（うえはらまさこ）
（翻訳協力：トランネット）

最先端ビジュアル百科 「モノ」の仕組み図鑑 ❸
デジタル機器

2010年7月23日　初版1刷発行
2013年8月5日　初版2刷発行

著者／スティーブ・パーカー　　訳者／上原昌子

発行者　荒井秀夫
発行所　株式会社ゆまに書房
　　　　東京都千代田区内神田 2-7-6
　　　　郵便番号　101-0047
　　　　電話　03-5296-0491（代表）

印刷・製本　株式会社シナノ
デザイン　高嶋良枝
©Miles Kelly Publishing Ltd　Printed in Japan
ISBN978-4-8433-3345-7 C8650

落丁・乱丁本はお取替えします。
定価はカバーに表示してあります。